次世代への伝言

自然の本質と人間の生き方を語る

[対談]
宮脇　昭
◉植物生態学者
池田武邦
◉超高層建築家

地《ち》湧《ゆう》社

まえがき

現代の科学・技術の発展は目覚ましい。もはや人間は自然のシステムを超えて、何でもできるような錯覚にとらわれている。死んだ材料で作ったロケットは月まで行ける。しかしそれを支える人間と環境や自然の揺り戻しとも言える必ず襲う大震災、大津波、大火などの自然災害に対して、私たちはいかに無力か。これほど科学・技術が発展しているにもかかわらず、人間の命がいかに儚《はかな》いものであるかということを、忘れた頃に思い知らされる。

2011年3月11日。まったく予測してない「東日本大震災」が襲った。日本は世界有数の地震国、古来から自然災害に対しての意識が高く、生活域が海岸沿いに集中しているところは、防波堤をつくるなど地域・行政をはじめ企業も色々と対策を練っており、地震の予測もきめ細かくされていたはずである。にもかかわらず現実に災害が襲ったとき、瞬時に3万人以上の方が40億年続いたかけがえのない命を失う悲惨な結果を招いている。

この一報を私はインドネシアで知った。荒廃したジャワ島の森づくりのための植生調査をして、山から下りたときに現地のローカルテレビで、日本で起こっている大地震、乱れる画像の中で濁流によって車も家も流されている惨状を見て、深い悲しみと衝撃を受けた。

また現代の科学・技術の最先端に位置して、あらゆる対策を施されているはずの福島原子力発電所が、現代人の予測を超えた大津波によって全世界が憂いに包まれるほどの深刻な問題を起こしている。40億年前に宇宙の奇跡として生まれた原始のいのちが様々な大異変に耐えながら、長い地史的時間を経て、現在まで進化してきて、いまや生物社会のトップにいると過信していた私たち人間（Homo sapiens）が、現実には、いかに儚い存在であり、また無力であるかをいやというほど思い知らされた瞬間である。

今や、私たちは、刹那的には豊かなモノとエネルギーと経済に支えられ、最新の科学・技術、医学の発展の上で、すべてが人間の思うようになるという錯覚・傲慢さを捨てて、もう一度謙虚になって、自然の掟に従って確実に未来に向けて生きてゆかなければいけない。世界各地で起こっている戦争や様々な社会問題だけでなしに、すべての人間は、自然の掟・システムの中でしか生きてゆけないという冷厳な事実を再確認し、今私たちは何を考え、何をなすべきか。

現実には今、日本は、政治も経済も混沌としている。国民の、国家の、人類の輝かしい未来を築くための確たる方向性も、そのための基本的、具体的計画も示されず、自己保身や怨念争いのような目先のことで、貴重な日々が費やされている。また外に目を転じれば、ニュージーランドでも地震によって建物が倒壊し、28名の日本人も含めて大きな被害が出ている。アフリカや中東を中心に連鎖的に現体制に対する批判が噴出して、多くの市民の命が失われるほどの騒動が続いている。

500万年前に地球に誕生した人類は、今、食物連鎖のトップに立ち、好きなものを無造作に食べ、まるで生物社会の覇者のように振る舞っている。物質的には、地域により差はあるが、かつての人類が夢にも見なかったほど豊かになった。しかし、それでもなお満足せず、さらなるモノや金の豊かさを求めてあくせくし、情報洪水の中で漠然とした不安を抱えて生きている人も少なくない。人間は、とくにわれわれ日本人は、どうも目先のことにこだわりすぎる。40億年前地球上に生まれた原始のいのちが連綿と続いてきて、それが未来に続いていく一里塚として、宇宙の奇跡として、今、自分が生かされている。そのいのちの尊さ、素晴らしさ、そして儚さ、厳しさが顧みられていないのではないか。

戦前、戦中、戦後をかろうじて生き延びてきた、数少なくなってきた年代の人間の一人として、私は、先見性、決断力、実行力、持続力をもった企業、行政、各種団体、何よりも老若男女の市民の皆さんと、ローカルには地震・大火・津波などに対する防災・環境保全を担い、グローバルには生物多様性を維持し、カーボンを吸収・固定し地球温暖化抑制機能を持つ、土地本来の木を国内外で植えながら、忘れられているいのちの素晴らしさ、見失われがちな人間の生き方、これまで見向きもされなかった自然の本質について、常に真剣に語り合ってきた。

池田武邦さんと出会ったのは、偶然の、遅すぎた必然か。一昨年（2009年）であった。佐世保市の市民団体が行なう森づくりに何回か通っていた折、その代表の神山秀美さんから、会ってほしい人がいる、また自然環境と共生しているハウステンボスを見てもらいたいというお話があり、はじめてハウステンボスに泊まって、設計者の池田武邦さんにお目にかかった。飄々《ひょうひょう》として、てらわないお人柄と、真に命をかけて生きてこられた池田さんの話に私はすっかり感動した。

池田さんは、太平洋戦争の三つの大海戦を体験され、九死に一生を得て帰還された後、戦後は日本で初めての超高層建築を設計され、さらには技術の粋を集めた超高層建築から一転、自然との共生を目指して長崎オランダ村、ハウステンボスを作られた。

私は、池田さんの壮絶で真摯な生き方と、貴重な体験を訥々《とつとつ》と語られる生の言葉を、この平和ぼけの世の中で意欲を失っているように感じられる若者や熟年者に、ぜひ知ってもらいたいと思い、長崎と東京を忙しく往復していらっしゃる池田さんに厚かましくも対談をお願いした。日本の伝統、文化、自然が濃縮されている長崎のご自宅に3回もお邪魔し、また東京でも2回お話を承って、本書がまとめられた。池田さんのご好意に感謝する。

　戦後民主主義という波の中で、自分主義、自己主張のみに汲々とし、派閥、党派の利害に腐心している人たち、戦中戦後の厳しい状況を経験していない若い人たち、そして日々縦割りの教科学習に追われている学生さんたち、さらには生きる意欲を失いかけている人すべてに、ぜひ読んでいただきたい。命をかけて生きてきた池田さんの実体験を語る言葉は、万言の図書にも値し、次世代への貴重な伝言である。

　限られた紙面ではあるが、今を支えている64年間の昭和とはどんな時代であったのか。また真に命をかけて生き抜いた人の感性、知性、哲学、凛とした生き方を読者の皆さんに感じ取っていただければ幸いである。

　なお、池田さんとの出会いをコーディネートし、対談にも即座に同意され協力いただいた元毎日新聞創刊135年記念事業 My Mai Tree キャンペーン事務局長の恩田重男さん、そのあとをついで本書をまとめてくださった編集者の浅海邦夫さん、何よりもなかなか時間の取れない池田さんと私をうまく取りまとめて出版にまでこぎつけてくださった地湧社の増田正雄社長、増田圭一郎専務に厚くお礼を申し上げたい。また横浜市緑の協会の細井有子さん他、陰から地道に支えてくださった皆さんに心からお礼を申し上げる。

読者の皆さん、現在の華々しい、そしてあふれる情報網の中で何がより本質であり、未来のために私たちの心の支えであり、活動の原点であるか。限られた日本で、地球で、生物社会の掟の中で、どんな災害をも克服して確実に明日を生きる考え方の、哲学の、行動の母体として、本書の内容が次世代への伝言となることを確信し、楽しみにしている。

宮脇　昭

２０１１年3月16日　深夜記す

次世代への伝言

◉目　次◉

I

超高層建築から自然との共生を考える

新宿三井ビル。
(写真提供：川澄建築写真事務所)

新宿三井ビル
周辺の空間利用。

近代合理主義の功罪を問う

伝統的な生活文化と、近代合理主義の葛藤

宮脇　池田先生とは２００９年3月に、ある新聞社の企画による対談で初めてお目にかかりましたが、そのときのお話に大変感銘を受けまして、是非とも改めて語り合いたいと念願しておりました。

先生は、青年期に太平洋戦争末期の三つの海戦、マリアナ沖海戦（１９４４年6月）、レイテ沖海戦（同年10月）、そして沖縄海上特攻作戦（１９４５年4月）に、軽巡洋艦「矢矧《やはぎ》」の幹部海軍士官として参戦されて、戦争の中の「生と死」を目の当たりにした、今では数少ない生存者のお一人ですね。

そして戦後は建築設計の分野に進まれて、廃墟となった日本の復興に尽力されました。わが国の超高層ビル設計の草分けとして、霞が関ビルをはじめ数々の超高層ビル建築を手がけられ、日本の近代建築の最先端を先駆的に切り開いて来られました。しかしその一方で、近

代合理主義一辺倒の風潮に強い疑問を持たれ、緑環境への配慮を尽くした都市づくり、環境設計を進めるなど、戦後の技術革新の象徴ともいえる超高層ビルのあり方にも警鐘を鳴らしておられます。近代合理主義の功罪の、両極を究めておられるわけですね。いわば戦前、戦中、戦後の激動の昭和史を歩まれた生き証人として、そのお話は一言一句が貴重な歴史の証言と言えます。

まず背景となる戦争に至るまでのお話から始めていただき、建築設計に至る先生の歩みの原点を振り返っていただきましょう。

池田　僕は1924（大正13）年1月14日生まれで、ちょうど少年から青年になる昭和の初め頃というのは、日本が国際情勢の中で孤立に向かう道をどんどん歩んで行く、そういう時代でした。

日本は明治維新以来、近代化政策をとって、それまでの徳川時代の封建社会から革命的に近代的な統一国家建設を目指したんですね。そのために、全国の津々浦々に何千校という小学校を建てて、方言も全部標準語という言葉に統一していきました。近代国家建設に向けて、まず少年期の子どもたちに、徹底して文部省方針の教育を行なった。そういう中で、僕たちは少年時代から青年期を過ごしたわけです。

一方で、徳川時代に確立された日本の風土に根ざした伝統的な生活文化は、家族制度という形で近代国家になっても厳然と残されたために、僕たちは、少年期から青年期にかけての人格形成に一番大きな影響を受ける時期に、徹底して家族や集落の共同体的な教育をしつけられたんですね。ところが小学校から中学校へと進んで、近代化の教育を徹底的に受けると、その生活に根ざした文化規範と教育内容という二つは、必ずしも素直に、ぴたっと合うものではなかったんです。

僕たちは小さい頃から生活文化として、水は水神様と言われるように神様なんだから、たとえば井戸のそばにオシッコなんかしたら水神様のバチが当たる、というようなことを教えられているんですね。バチが当たるというのは、今の言葉で言うと、自然の摂理に反したことをすると不都合なこと、よくないことが起こるよ、というようなことなんですけど、水神様のバチが当たるとか、山の神様のバチが当たるとか、極めて具体的に、神様のバチが当たるということを子どもの頃から教えられている。幼い頃から少年期までは、神様っていうのはどこかで見ていると信じ込んでいますからね。バチが当たると言われると、大人が見ていようが見ていまいが、神様に見られているという感じで、それはかなり子どもの行動を強く規制していたんですね。

それが、中学に行って近代合理主義の教育を受ける中で、水はH_2Oで、水素と酸素が結合したものだ、なんて言われると、近代合理主義の方が理屈的に明解だし、理解しやすいんですね。だから僕らは、それまでの水神様を敬うとか、バチが当たるとか、そういうことが何となく迷信というような感じで、疑問を持つようになってしまって、だんだん近代合理主義の考えを強めていくわけです。

そして青年期になって海軍に入るわけですが、海軍というのはまた、近代兵器の塊みたいなものでしたから、徹底して合理主義なんですね。ところがもう一方で、海軍は非常に精神性を厳しく重んじていましたので、必ずしも近代合理主義だけで割り切れるような教育ではなくて、そこには日本的な精神論みたいなものが根強くあった。

青年期にそういう相反するものが併存していると、深く考えることになるのですね。それまで、子どもの頃に育てられた日本の伝統的な生活文化というものを簡単に批判していたけれど、逆にまた、そう簡単でもなさそうだという反省も出るのです。とくに自分の命をかけた行動をしなくてはいけないときに、合理主義だけでは解決できないですね。そういう二者の葛藤を抱いた中で戦争体験をして、21歳のときに敗戦を迎えるのです。

戦後、近代合理主義の先端で超高層建築を確立

池田　そして戦後は大学へ行けという親父の助言もあって、東大へ入り、建築の世界に入っていくわけですが、近代建築というのはさらに徹底した合理主義で積み上げていくものなんですね。僕は東大でまさに合理的な考え方を駆使した近代建築の基礎を学んだわけですけれども、いざ大学を出て、現場に行くと、これがまた実に非合理的なところだったんです。その当時の、敗戦直後の日本の建設業界は、元請け企業が大きなプロジェクトを取ると、それを下請けに出して、その下請けがまた次の下請けに出すというようなことで、現場の生産管理なども非常にずさんだったんです。

現場の設計事務所に入ってしばらくした昭和27年から28年にかけて、丸の内で日本興業銀行の本社ビルを建築する大きなプロジェクトがあって、僕はまだ20歳代でしたが、その設計を担当することになりました。日本の建築にエアコンが初めて導入された、近代技術の最先端を集めた画期的な建築でした。

ちょうど講和条約が結ばれた頃でしたね。当時まだアメリカが戦後の日本を徹底的に経済封鎖していたのですが、朝鮮動乱が始まって、これ以上封鎖を続けると日本も赤化する恐れがあるというので、日本に逆に経済援助し始めた、その最初のプロジェクトが日本興業銀行の立ち上げだったわけです。要するに日本の経済の復興のための拠点作りですね。だから、かなり経済的なバックアップがあったらしいんです。とにかく当時としてはそれまでにない、まったく近代的なビルでした。

ところが、工事そのものはものすごく前近代的なものなんです。下請けの下請けに任せて、地下2階を手掘りしているわけですね。雨が降ると泥んこでね。足場なんかもみんな、板をロープでつるしたようなものなんです。当時すでにアメリカは飛行場建設などブルドーザーを使ってやっていたわけで、どんどん機械化していました。戦争中、僕らはそれを目の当たりにしながら、見事にやられちゃったわけですね。ところが、敗戦後も日本の建設業は相変わらず手掘りで、雨が降ると工程管理なんてまったくできない。それが日本の一流企業の実情だったんですね。しかも丸の内の、皇居の真ん前の、日本最高レベルの内容の大プロジェクトが、ですよ。本当にそういう建設の前近代的なプロセスを見て、これではまた戦後も日本は国際社会から取り残されて負けてしまうと思ったんですね。とにかく建設産業を近代化しないといけないという思いが強烈だったんです。

それで、どうやったら、日本の建設産業が国際社会の中で対等にやっていけるようになるかということで、建設産業の近代化というテーマにのめり込んでいったんです。30歳前後の新参者が、それまで作り上げられてきた日本の建設産業のしきたりを強烈に批判しながら、論文を書いたりしていたんですから、僕は当時の建設産業の中では、まったく異端者みたいに言われました。その究極が超高層になるわけですけれどね。

宮脇　最初に手がけられた超高層建築というのは、霞が関ビルでしたね。

池田　はい。現場を含めて業界そのものを合理化していかなかったら、絶対にあの霞が関ビルなどはできないんですよ。そういう合理化ということをどんどんやっていったものだから、最初の話に戻りますと、日本の伝統的な生活文化という、自然を神とするようなものはすっかりそっちのけで、ともかく近代合理主義の塊みたいになってずっと突き進んで行った。そしてとうとう自分たちで新しい設計事務所を作るところまで行ったんですけれど、ちょうどそんなときに、宮脇先生のご著書『植物と人間・生物社会のバランス』（NHK出版）に出会ったんです。

宮脇　あの本は1970（昭和45）年3月10日の初版なんです。40年たった現在、68版が出ておりますが、初版出版時には出版社の営業部長が、植物なんていうタイトルの本は売れないからと言って、1万2000部出すはずだったところを6000部しか作らなかった。ところがこの本がその年の毎日出版文化賞をいただいたこともあって、たくさん売れたんですね。

合理主義から、人材を活かした組織作りへ飛躍

池田　『植物と人間』が1970年に出版されたということで、非常に納得しました。と

いうのは、1968年に霞が関ビルが完成したのですが、その前年から僕は勤めていた設計事務所でチーフとしてこのビルのプロジェクトを担当していたんです。ところが僕があまりにも合理的にプロジェクトの進行を是々非々でやるものだから、事務所としては煙たくて僕を追い出そうとしたんですね。当時、僕はまだ30歳代だったんですが、まず取締役に抜擢して懐柔しようとした。しかし取締役会でもおとなしくするどころか、あまりにも僕が思った通りにやるものだから、とうとう「池田君、出て行ってくれ」と、クビになるわけです。霞が関ビルが完成した68年の暮れのことでした。

その事務所はピラミッド型の組織で、社長の言うことを皆が、はい、はいと聞くような事務所だった。ところが、とくに霞が関ビルみたいなのは、一人ではできないんですよ。全員が参画して、全員の知恵を集めて、それぞれがそれぞれの持ち分をしっかりやる、力を合わせてやるということでないとできないですね。実際にはそういう合理的な新しい組織運営で霞が関ビルを完成させたという意識が僕には強くあったので、これからの頭脳を集積する設計事務所というのは、ピラミッド型の上下関係の組織ではなくて、一人ひとりの人材を生かした、グループダイナミックス的な、平面的な並列の組織だろうと、そういうイメージがあったわけです。

そして僕はクビになって会社を出たのですが、そうしたら、200人ほどいた仲間のうちの100人くらいが僕に付いてきちゃったんです。それで日本設計という会社を設立することになるわけです。そうして新しい組織でスタートして、順調に人も増えて300人くらいになった頃、さてこれからの組織作りをどうしたらいいのかと考えていたところで、宮脇先生の『植物と人間』に出会ったわけです。ですから僕はタイトルの、植物というところより、人間というところに引っかかって読んだのですけれどもね。

宮脇 おや、そうだったんですか。

池田 ところがこの本を読んでみたら、「どの木もみな、それぞれ大事なんだ」と、「雑草のような芽生えのようなものでも、森をつくる上で意味がある」と書かれていた。それで、いやいや、これか、と思ってね。

宮脇 それは、ふるさとの森の話ですね。森を形作っている生物社会の基本的な掟《おきて》です。

池田 僕は組織全体の長にはなったけれども、それぞれの部門で明確に能力によって人を分けてしまう、それを黙って見ているのがなんかしっくり来なくてね。つまり管理する立場にある者が、合理的な能力評価で、あいつはダメだと切ってしまうわけですけれど、僕はそういうのがなんだかおかしいなあ、と気になっていたんですね。違う角度からみれば非常に気だてが良かったり、まじめだったり、また違った面ではずっと能力があるということはよくあるわけです。そういうのを見ていて、僕は海軍での体験を思い出すわけです。

海軍の組織は極めて階級性重視なんです。軍艦には艦長がいて、航海士がいる。しかし実際に艦を動かしたり、戦闘の場面などでは、下士官や兵隊さんのベテランに全面的に任すわけですね。艦長は艦長で責任はあるけれど、一人の水兵の責任というのは、艦長ではできないことを実際にやるわけですからね。いろんな人がいて、個々が大事なんです。その個々が、艦長をトップにして心が一つになっていくような艦が、強くて生き残るわけです。

で、僕が乗っていた矢矧《やはぎ》という軍艦がそういう艦だったんですね。艦長も、下士官も、一兵卒も、それぞれが皆それぞれの役割を果たして、船全体が一つになっているわけ。だから普通ならすぐに沈んでしまうような攻撃を受けてもなかなか沈まなかったんです。何となく設計事務所の組織作りでもそういう構造をイメージしていたら、自然界がまさにそれだと、『植物と人間』にそう書いてあるんです。

宮脇　それは四十数億年続いてきた生物社会の掟ですからね。

池田　それが僕には強烈に飛び込んできた。いやあ、これはもう間違いないと思ってね。無駄な人材なんてないんだ、みんな役に立つ、大事な人材なんだと。人間はそれぞれみんな存在意義がある。人間社会の生態学的な見方というのでしょうか、そういうことに目を開かされた最初の本ですよ。

日本設計という組織は、建築のデザインの企画からディテイル、施工監理まで全部を引き受けてやるソフトをもっていましたから、いろんな分野の仕事があって、ディテイルを描けば素晴らしいんだけれども、計画をやらせるとダメだとか、計画をやらせると素晴らしいんだけどディテイルは描けないとか、そういうふうに能力にはみんなそれぞれ個性があるんです。みんなそれぞれの能力、役割があって、それを活かしていく、そういうオーガニゼーションを作るということが、日本設計のような大勢のスタッフを抱えた組織を運営する際には非常に大事だな、と思い至るわけです。

宮脇　まさに森がそうですね。必要なところに必要なものがそろっている。

池田　だいたい設計事務所というと数人でやっているところが多いんです。だからダメなのはすぐにクビを切ってしまって、ある目的にかなった者だけで集まってやっているんですけれど、日本設計みたいに最初から100人以上でスタートしている組織なら、設計がいい者、ディテイルが描ける者、また現場に行って管理する能力がある者とか、それぞれの能力をそれぞれの場所に配置することができるんだと。

宮脇先生のご本に出会い、森の植生のあり方を読んで、ああそうか、日本設計は森なんだと思ったんです。だからいろんな種類の人材がいていいんだと。それが非常にはっきりと見えてきたんですね。

それで僕は組織作り、人間作りということに自信を得ましたね。もともと霞が関ビルのプロジェクトをやったときから、一人ひとりが皆それぞれの持ち分で参画する、それぞれ対等なんだというベースはあったのですが、それが論理的に、自然界の法則として、やっぱりそれが正しいと確信を得たという感じですね。脱皮したというか、飛躍したんですよ。

そういう記念すべき本だったんです。それでこの本を何回も読んで、日本設計の組織作りをしたわけです。

宮脇　それは本質をつかんでいただいたわけですね。

自然を感じ取る力を養う

近代合理主義への反省・自然への感性を蘇らせる

池田　宮脇先生の『植物と人間』が出版された1970年前後というのは、日本でも公害問題が起こってきて問題になったり、レイチェル・カーソンの『沈黙の春』が訳されて話題になったり、ローマクラブの『成長の限界』が出たりした頃でしたね。ちょうど僕は、新しく立ち上げた設計事務所の組織作りでいろいろ悩んでいたことなども重なって、当時すでに、どうも合理主義だけではダメなんじゃないか、ということをうすうす感じ始めていたわけです。近代技術文明を発展させて超高層ビルは作ったけれども、どうも、世の中ますますおかしくなっていく。本当にこれでいいのかな、という疑問があったときに、宮脇先生の本に出会って、何度も読み返していく中で、植物というものに対する考え方も大きく変わっていったんです。

僕らは植物のことをよく考えずに設計図を描いて、都合よく切ったり植えたりしていたけれども、これはとんでもないことだと。植物と人間の関わりということをよく考えてみれば、僕は子どもの頃から、山には山の神様、海には海の神様がいるんだという教育を受けてきたわけです。ああ、やっぱりそうだったのか、ということですね。子どもの頃に受けた生活文化的な教育と、この『植物と人間』の最先端の科学的な視点から見たあり方とが、パッと一つになって、つながったのです。

論理的にみた自然の法則、自然の摂理と、子どもの頃にたたき込まれた自然は神様という教えが、非常にうまく合致して、納得したんですね。それまでは近代合理主義の考え方が優勢で、「バチが当たる」というのはどうも納得できなかった。ところがこの本を読んで、すごくそこが納得できたのです。自然、そして神様はすごいな、と実感したのはこの本がきっかけですよ。

宮脇　そう言っていただくと光栄です。

池田　その後、1974年に新宿三井ビルができて、私たちの日本設計はその50階に事務所を構えたんですが、その年の2月頃にある重大な体験をしたんです。

その日、事務所で仕事を終えて地上に降りて、外に出たら雪が降っていた。仕事場は地上170メートルくらいで空調が働き快適な温度に調整されているから、そこでは袖をまくり上げて仕事をしていました。その意識のままで外に出たのですが、白いものが舞っている。

一瞬雪の意味が分からず、寒ささえ感じないんです。そのとき、体の芯から大きなショックを受けたんです。エアコンを効かせて、外の自然がまったく分からないような環境は、果たして人間にとっていいことなのだろうか、と。

もともと僕は海の男だったから、海の上にいれば、雲行きをみて天候を予測したり、夜も星を見ていろんなことを感じとっていたわけです。だけど近代建築に関わるようになって、自分の都合のいい温度や湿度の人工環境を作っていい気になっていたんじゃないか。そのとき、感性がまったく鈍くなっているのが自分で分かりました。自然の中にいない、自然を感じられないところにいて、感覚が相当狂ってしまっているな、と思ったんですね。

建築なんて、人間の空間を作るプロですからね。どんな建築観をもってその空間を作るかによって、子どものときからそこで育つ人間の人格形成にものすごく影響を与えるんです。それに気付いたんですね。建築の原点は何かということです。

ウィンストン・チャーチルという第二次世界大戦当時にイギリスの首相だった人がいましたが、あの人は偉い人なんですね。彼は、人間は家を作り、家は人間を作る、ということを言っているんですよ。軍人だけれども、本当に建築のことをよく知っている。家、すなわち建築は人を作る、つまりどんな住まいで幼年期少年期を過ごしたかということが、その人の人格形成にすごく影響を与えると言うんですね。

僕はそれまでに、レイチェル・カーソンの『沈黙の春』も読んでいましたし、頭では問題点を理解していたつもりだったんだけれど、その意味が自分の体で分かった瞬間でした。近代合理主義だけではダメなのだと。本当に豊かな自然の中にいるのと違って、都会の超高層の中の、エアコンで暑くもなく寒くもなくて快適だというところに長くいると、やっぱり人間はおかしくなるんですよ。

宮脇　今、日本の住宅をみれば、一軒家であってもますます自然が感じられないようになっていますね。

池田　そうなんです。とくに超高層というのは外界を遮断して、空間管理は全部エアコンでやる。うっかり窓なんか開いていたら非常に危険ですからね。しかし本来、建築というのはその土地の気候風土に根付いていて、その気候風土に合った素材で、工夫してやってきた。いかに自然の通風を入れて、夏涼しく、冬暖かくするかという知恵があった。そういうことは昔の日本の家では工夫されていたわけですけれど、エアコンなどの技術が進んでしまうと、自由にコントロールできちゃうから、外見はかっこいいものを作って、中は自分でコントロールしてしまう。まるで人工衛星とかジェット機と同じなのですね。

今は旅客機でも海外に行くときは皆、成層圏を飛んで行きますね。あんなところを飛ぶのは大変なことだったわけですが、今では技術が発達したものだから、お金をかければ外界を完全に遮断して、その中に人間に都合のいい環境を作ることが簡単にできてしまうんです。

そういうふうに、どんどん自然を排除して、人間に都合のいい世界を作ってきたのが近代技術文明なんですね。これはもう、大間違いじゃないか。人間も自然の一部なのに、その大切な自然を排除して、目先の人間の都合でやったら、これは絶対におかしなことになるぞということを、身をもって実感したのです。

宮脇先生の本との出会いがあり、また自分の体でも実感したこと、それはもやもやとしていたことが、ああそうかと、すうっと晴れていくような重要なできごとだったんですね。そして建築というのは環境を作ることであって、人間の都合でなく、自然の掟を踏まえて取り組まなくてはならないというところに気付いていく。合理主義だけにとらわれない設計があるのではないか、というところに目が開いていくきっかけになったと思います。

それからは、超高層の中にいかに自然を取り入れるかということで、四苦八苦するわけです。例の雪の日に、あの吹雪の中の方がずうっと安らいだ気持ちになったというのが、もう一つのターニングポイントになったわけですが、僕は海軍でずうっと船に乗っていたから、その感覚が甦ったわけですね。

もしも子どものときから超高層マンションのエアコンの中で過ごしていたら、自然に対する感性をもう取り戻せないかもしれない。それは実に怖いことですよ。

宮脇　それは今まで追い求めてきた最新の技術の落とし穴ですね。

池田　それも、ある目的のための技術ならいいけれど、建築なんていうのは、一度作ったら、その建築がそこに住む人間を作ってしまうんです。子どものときから、ある住まいの中で育てるわけですから、その環境というのは、24時間、四六時中、何らかの影響を与え続けるわけですね。

本来なら自然に対する厳しさとか、自然に対する怖ろしさとか、そういう鋭い感性をもっていなければ生きていけなかった人間が、どんどん自然に対する感性を鈍らせて、それでも平気で生きていけるような環境の中で住んでいれば、自然に対する感性はますます衰えてしまうでしょう。そうして自然に対する感性が衰えた人間は、どこか歪んだ精神状態にあると、言えるのではないでしょうか。

宮脇　１９８０年代にはドイツでも、フランクフルトなどの大都市で新しい建築家によって街づくりが行なわれました。その頃のドイツでは、子育てをしたり教育をするのは5階以上では危険であると規制が行なわれたというような話を聞いたことがあります。法的にどの程度の規制かまでは知りませんでしたけれど。

池田　日本ではどんどん住宅用の超高層マンションが増えていますが、あれはまったく本質が分かっていない。目先の経済、便利さを追い求めている象徴ですね。やはりコントロールするところは最小限にして、できるだけ自然を受け入れて、自然の恩恵を享受するように方向転換していかないとね。

ともかく、近代技術文明がこんなになる前の建築の方がはるかにいいですね。それで長年にわたって日本人はみんな生きてきたのですから。そういう原点にもう一回戻るということ、建築家はその原点を見直す必要があるということを、声を大にして僕は言っているんだけれども、近代建築をやっている連中はほとんど相手にしないのですよね。

宮脇 仕事場として8時間ぐらいを過ごすならまだいいけれど、24時間、365日、そこに住んで生活するのは、一見モダンのように思うかもしれないけれども、自然の一員としてはやはり危険ですね。

池田 もうそれは感覚が歪んだ人間になりますね。

宮脇 池田先生はそこに警鐘を鳴らし続けてこられたわけですね。本当にそこのところが、日本人、さらに言えば人類が、持続的に生き延びるための原点と言うべきところですからね。

近代技術文明の価値観は危険だらけ

池田　今の建築基準法は近代技術文明の中から生まれているから、自然に対する配慮などという考えは極めて少ないのですね。自然を排除する考え方なのです。地震に対しても、いかに地震に耐えられるか、丈夫に、もっと丈夫にとやっている。自然なんて人間の知恵でどうこう対応できるものではないのです。昔の家は掘っ立て小屋でしたが、地震が来たら簡単に動くようにできている、だからかえって大丈夫なのです。

宮脇　それで今では、地震のときに動く建築方法を研究しているわけですね。

池田　そうなんです。ところが大半の住宅建築は、基礎工事をやって、基礎の上に根太《ねだ》という土台の構造物を固定してボルトで締めなければいけない。要するに、下をがっちり固めることを法律で決めているのです。昔の建築は基礎の石の上にただ柱をポンと置いているだけの掘っ立てですから、地震が来たらすーっと家全体が動きます。動いたら危ないと思うかもしれませんが、その代わり全部がそのまま動くから全然壊れない。これは昔の人の大変な知恵です。この方がずうっといい。家がつぶれないから人の命が助かるのですからね。

大地震は遠からず来ます。近代技術文明の価値観でいろいろなことをやっているけれども、ここまで発達すると逆に非常に危険になってくるのです。もう、技術におぼれて危険だらけです。

宮脇　生きものは一面保守的でありながら、楽観主義者でもあるのですね。バッタなどによく見られる現象ですが、環境が良くなると一時的にものすごく増えるが、食べるものがなくなると、その大集団はどこまでも食べ物を求めて大移動します。野を越え、山を越えて、最後は海の中までも飛び込んでいって半分以上が死んでしまう。

人類が異常に発達した大脳皮質を使って、今後もモノとエネルギーと情報産業を発達させてさらに大躍進する可能性を持っているなら、破綻する前に、その大脳皮質を使ってその危機に気付かなければなりません。人類がどれほど科学・技術を発展させ、富を築いても、この地球上に生かされている限り、あくまでも自然の一員なのであり、緑の植物の寄生者の立場でしか生きてはいけないのです。生きものとしての人間の立場、その使命についてよく理解し、そして今すぐ、生物学的知見に基づいて行動しなければなりません。

池田　基本的に、近代技術文明の考え方は、そういう自然の摂理を大切にする視点を失っているのです。要するに、自然をコントロールしようとしている。これは、自然に対する大変な冒涜ですよ。バチが当たらざるを得ないのではないですか。水神様を祀り、山の神様を祀って、バチが当たらないようにするにはどうしたらいいかということを、次世代を担う子どもたちにきちんと教えなければいけないと思います。昔の人は、理屈なんか言わないで、一番分かりやすい言葉で、一番の本質を教えた。知恵がありますね、昔の人は。

宮脇　素晴らしいトータルな教えですね。

池田　街づくりということで言うと、どんな街でも歴史があります。歴史というのは、われわれのご先祖様がいろいろ試行錯誤しながら積み上げてきたものですが、近代技術文明に毒される以前の知恵で作ってきているから、今僕から見ると、ああなるほど、と思うことばかりですよ。

戦前は50歳に満たなかった日本人の平均寿命が今、80歳代です。これはやはり、近代技術文明の発達のおかげです。けれども、近代技術文明オンリーで今やっていることは非常に危険だ、ということです。

結論的に言うと、近代技術文明発展を支えているのは人間の欲望ですね。少しでも性能のいいもの、少しでも便利なものを、という欲望を煽ることによって経済が発展するわけです。

宮脇　今の経済がモノとエネルギーを大量に作り、あらゆる情報操作によって大量消費を目指して動いているのですね。

池田　経済が動き、それによって技術も発展してきたわけです。霞が関ビルをやったときは、今のコンピューターより何十倍も大きい、日本にたった2、3台しかなかったスーパーコンピューターが活躍しました。広大な部屋の中で、真空管がずらっと並んでいた。その大型コンピューターより、今の小型コンピューターのほうがずっと性能がいいですね。しかもずっと安い。わずか半世紀足らずの間で、これだけを見てもすごい発展です。しかし、これが素晴らしいことだ、などと思って澄ましていると、とんでもないのです。

宮脇 死んだ材料とエネルギーだけを効率主義、経済主義であやつって、それで人間生活がすべて良くなるという思いこみ、それが危険なのですね。とくに原子力発電などのようなかつて人類が一度も使ったことがないような最新の技術に対しては、臆病すぎるほど慎重に対応しなければなりません。技術にリスクは付き物です。絶対安全などあり得ません。最高の技術とは、いかにそのリスクをゼロにするかの努力ですから。

池田 そうなんです。欲望がますます肥大化し、まだまだ、今のも遅いとか何とか言っている。それに加えて、あらゆるところがブラックボックスだらけになっています。これも危険信号です。

戦前は海軍時代にダットサンなどさんざん修理をやりました。全部自分たちでできたのです。たいていの故障は調べれば原因が分かったし、手で直せたのです。ところが、今は全然直せない。修理工場に持っていっても、修理工の彼らも直せない。中心構造がブラックボックスだからです。つまりインプットの端子とアウトプットの端子しかなくて、中身が分からない。そういう制御の中心部分のコンピューターのところは生産会社に持っていって交換する。だから、ちょっとの故障でも、全部ボックスごと総取り換えです。無駄遣いをしているとも言える。テレビだって、デジタルがいいとか言って、全部換えようとしているでしょう。

こういう、いわゆる近代化に対して、今こそ、国を挙げて、世界を挙げて、見直しをはかるべき時なんです。今は、近代化に対して無批判過ぎますね。

僕は、近代化はもちろん素晴らしいことだと考えるが、それは、寿命を長くしたり、手足が動かないような方でもパソコンを使ってコミュニケーションができるという、そういう恩恵がものすごく大きいからです。けれども、健全な人間がそんなに必要ないのに、便利だからと欲望でやっているところに歯止めがない。これはもう、欲望がエネルギーだからですね。欲望が止まったら近代技術文明は発展が止まる。発展が止まることをよくないという国家なり、世界の価値観で動いているとすれば、そのような欲望の行き着くところは破滅以外ないですね。

宮脇　残念ながらわれわれ人間も、とことんまで行って落ち込まなければ、なかなか止まらないですね。しかしそれでは遅すぎます。

モノの豊かさより百年の計

池田　僕が戦後に建築の世界に入って丸の内で工事をやっているとき、日本の経済はどん底でした。皇居前では毎日のようにデモ行進があって、「米一合よこせ」「イワシ一匹よこせ」というプラカードを掲げて大勢の人が歩いていました。本当に食料がなくて、モノがなくて、配給だけでは餓死してしまうのでヤミを使わざるを得ない。ヤミを使わないで純粋に法律の通りやった方で餓死された方もいたほどでした。

宮脇　裁判官の方でそういう方がおられましたね。

池田　本当に「モノがない」ということを、あの頃は皆が味わっているんです。今はどこへ行ってもご馳走だらけで、パーティーなどへ行っても箸をつけないまま料理が大量に残されたりしている。ああいうのを見ていると、こんなことで本当にいいのかなあと思いますね。コンビニの売れ残りもそうですよ。これは、決して豊かで安心なことではない。偏った状況です。

もう地球上の自然は瀕死の状態になっているのに、あるところではこんなにモノが浪費されている。アフリカなどではいまだに餓死をするような人が大勢いるわけですから。そういうことを皆分かっているのだろうに、国際的に真剣にそういう問題に取り組んでいませんね。皆が目先の経済を追い求め、経済を発展させることをどこの国でもやっている。日本だっていかに懐を豊かにするかという話ばかりでしょう。皆の欲望を満たすような政治をすれば票が集まると思っている。これはリーダーとして失格ですね。真のリーダーというのは国家百年の計を考えるものです。

江戸時代までのリーダーは、そういう意味ではすごいですよ。徳川などは本当にすごいと思う。一切外国から資源を入れない、こっちは外国を攻めない。日本の中も戦争をしてはいけない。平和で、そして日本の中だけで、完全に生産の循環で生きていく。生活の文化を徹底するために、「バチが当たる」とか「もったいない」とか「足るを知る」ということが教えられた。天保銭などお金にまで「吾、唯、足るを知る」などと書いて、ぜい沢をしないようにと説いて、そういう政策をしていたから、265年にわたって平和であったわけですね。そこへ黒船と大砲が来て開国に向かうわけですけれどね。

これはね、近代技術文明が発達していたほうが、パワーがあるのですよ。だから、自分の国を守るためにはパワーを持たざるを得ないから、近代化、近代化というわけで、それに日本は完全に巻き込まれたんですね。その結果、大きな敗戦は味わったけれども、近代化が進んだために、敗戦後もG7とかG8とかの中に入って、認められている。

けれども、近代技術文明の価値観だけで日本を評価したら全然ダメですよ。日本には、そうでない文化、自然を神とする文化がある。それは長年にわたって日本人が生活を通じて築いてきたものです。それをないがしろにして、近代化一辺倒では、やはり真に豊かな生活から遠くなる一方ですね。

日本の超高層ビルは柔構造で建つ

池田　科学・技術は少しでも先へ進んでいる方がパワーを持つ。だから僕は戦後、日本の建設業界を近代化してパワーを持たなければいけない、と考えて、どんどん近代化の旗振りをやったわけです。そして超高層を担当することになるわけですが、当時、僕は建設産業の近代化の旗手みたいな格好になっていたわけですね。

宮脇　超高層ビル建築へのいちばんの発端は、やはり欧米からノウハウをもらったわけですか。

池田　技術的には、地震や台風がある日本では超高層は難しいと考えられていたのですが、理論的にはこうすればできるという研究は行なわれていました。東京大学の構造の権威や京都大学からも論文が出ていて、可能性はあると戦前から言われてきていたんですよ。だけど、実際にその構造計算をするとなると、当時はまだ計算尺の世界でしょう。計算尺で超高層の設計計算をしたら、50人、60人の構造スタッフで10年以上はかかるだろうというぐらい、膨大なボリュームだったんです。だから、理論的にはできるだろうけれども、実現するのはちょっと不可能でした。そこへコンピューターが導入された。それで、東大の構造学の武藤清教授が、超高層でも計算できるよといって、超高層ビル計画が動き出したのです。

宮脇 そうすると、霞が関ビルは日本のオリジナルな設計ですか。

池田 もちろんです。オリジナルもいいところです。特にカーテンウォール構造など、柔構造といって、こういう設計は日本のオリジナルです。超高層ビルは揺れると最上部で左右1・5メートルずつ、両方で3メートルくらい動きます。そのためには各階層も動くわけですから、ガラスなど硬いものは柔構造体を入れて、ガラスはガラスで一つずつの構造体として揺れるようにする。それはちょうど魚の鱗みたいなものです。一つの鱗は硬いが、一つずつがそれぞれで動くようにすれば、全体が揺すられても一気に破壊されることはない。超高層のカーテンウォールの原理はこれです。

宮脇 一つひとつの鱗は本体から離れているのですか。

池田 幾つかの点で支えられていて、後はフリーにしておく。それでいて雨風が入らないようにするのです。そういう超高層のディテールを僕らが開発するわけですよ。ニューヨークの超高層なんていうのは、台風も地震もないから、ただ積み木のように積み重ねればいいい。日本の場合は、最上階で左右に1・5メートルずつ、各層ごとに数センチぐらい横に動きますからね。

宮脇 上に行くとしっぽを振るように動くわけですね。

池田 そうです。京王プラザホテルなど、ちょっとした地震でもかなり左右に揺れますね。

宮脇 日本の超高層ビルはどれくらいもちますか。

池田 あと100年や200年は大丈夫です。

宮脇 ビルの底は何メートルくらい掘られているんですか。

池田 関東平野の地下は、十数メートルで礫層になります。氷河期にできた玉石が、本当に丸くなって積み重なっています。その玉石の層が何メートルかあるので、その上に基礎底部を置けばいいのです。

宮脇 東京湾は岩盤がないですよね。

池田 ええ、東京礫層といってほとんど石の層です。

宮脇 その方がかえって弾力性があっていいのでしょうか。

池田 そうです。シートパイルという地固めの鋼板なども打たなくていい。建物は礫層の上に置けば、もう落ちないです。東京で大地震があっても、霞が関ビル、京王プラザホテル、新宿三井ビルは大丈夫でしょう。

宮脇　ニューヨークの貿易センタービルは飛行機がぶつかったら全部バラバラと崩れましたね。

池田　あれは、ただ積み木のように積み重ねてあるだけでしたからね。横力がないですから、まったく日本の超高層ビルとは違います。日本のビルはあんなことにはならないです。

宮脇　中東のドバイには八百何十メートルという高層ビルがありますが、もっと高いものも可能ですか。

池田　「マイルタワー」なんていって、１マイルですから１６００メートルくらいの計画はありますすね。アメリカのフランク・ロイド・ライトが発表しています。

自然が回復する設計への転換

建築設計の世界へ植物の視点を初めて取り入れる

池田　宮脇先生が『植物と人間』にお書きになったことの基本は、自然を敬うという日本の文化そのものですね。僕はこの本を読んでそこに感銘を受けたわけですが、１９７０年代後半から始まった、科学・技術の粋を集めた研究施設を作る筑波研究学園都市構想という最先端のビッグプロジェクトを引き受けたときに、その設計に際して人間中心でなく、いのちがトータルに豊かになるような考え方を反映していきました。

僕は筑波研究学園都市の開発の一事業だった工業技術院のキャンパス造成をやったのですが、ちょうどその土地のど真ん中に、明治の初期に植えられた松林、いわゆる防風林があったのです。

宮脇　アカマツですね。

池田　通産省（現経済産業省）から出てきた計画は、九つの研究所を予算の配分で敷地配分して、ただ図面上で九つに割ったものでした。そこにある防風林のことなんて、まったく考えない。意識の中にないわけですね。それで僕は、防風林が結構育っているので、これは何とか残そう、残しながら植生を整えようと言ったのです。しかし僕は植物のことをよく知らなかったから、植物の専門家を一人入れて、そのアドバイスで植生をいろいろ調査したんです。

それまでは建築家だけで設計プロジェクトを進めてきましたから、植生については植物の専門家を入れてアドバイスを受けるというやり方は僕にとっても初めてのことだったのですが、業界でもおそらく初めてだったでしょう。今もその防風林がちゃんと残っています。

宮脇 建築家にとっては、当時は緑を配置するといっても、それはインテリアの延長に過ぎないわけだったのですね。

池田 植生なんて深く考えないで、好きな緑を適当に配置する。だから、木も全然その土地の風土に合わないのが平気で植えられていることが多いんですよ。

宮脇 図面上で見栄えが良くなるようなことしか考えないんですね。

池田 そうです、飾りですね。残念ながら今でも生きた植生のことなどほとんど考えてはいない。

宮脇 私は1958（昭和33）年から2年半近く、恩師となるラインホルト・チュクセン教授が所長をされていたドイツ国立植生図研究所に客員研究員として招かれて滞在しましたが、当時すでに、この研究所では都市計画や地域開発に際して、国や地方公共団体、各企業から植生学や植物社会学に基づく現地植生調査が依託されていました。植生調査によって現在の緑の状態を現存植生図に表わし、さらにもし人間の影響を全部停止したらその土地本来の自然環境の総和が支えると理論的に考察される自然植生、すなわち潜在自然植生を判定し、それらをもとに、この森あるいは湿原は残すべきであるとか、開発に際して美化的装飾的な緑ではなくその土地の潜在自然植生に基づいた立体的な緑環境を同時に形成するにはどうするか、ということを助言していたんです。私も各地の植生調査に一緒に参加しました。

この植生図研究所設立は悪名高きヒトラーが行なった三つの善行のうちの一つだなどと言われていますが、たとえば、アウトバーン建設に際する道路沿いの斜面の緑再生などの他に、飛行機から見るときにどのような植生があれば、塹壕やトーチカなどの要塞が分からないか、あるいは戦車が攻めてきたときに味方の陣地のカムフラージュになるかなど、植生図は大戦中には軍事的に使われていたようです。それが戦後は都市計画や地域開発の基本図として、積極的に利用されたのです。

私はここで学んだ植生学的な研究は、日本の戦後の地域開発や都市計画に役立つと思って期待して帰国したのですが、１９６４年の終わり頃までは、日本はまだ開発至上主義でした。宮脇はドイツかぶれで、ドイツでやったことが日本ですぐできるわけがないというような、やや冷やかな目で見られていたようです。

しかし当時、住宅公団にも先見性のある方がおられて、すでに1960年代の初め頃でしたが、土井さんという方が、筑波研究学園都市を作るときに自然環境、とくに植物生態学的な診断、処方が必要だということで、東京大学農学部造園学主任教授の横山光雄先生のところに事前植生調査を依託されました。それを受けた横山先生は、当時先生の助手であった現在東大名誉教授の井出久登さんに、これからは宮脇のやっているような植生の研究が大事であるということで私に相談するよう指示されたのです。そういうわけで、私は筑波研究学園都市の事前植生調査を、実質的には調査・研究の責任者としてお手伝いすることになりました。私と、一緒に学んでいる井出さん、そして横浜国立大学教育学部の研究生や学生の皆さんとで、筑波研究学園都市予定地とその周辺の植生調査を、春夏秋冬の年に4回、それを3年続けて勇んでやりました。（横山光雄・井手久登・宮脇昭　1967「筑波地区における潜在自然植生図の作製と植物社会学的立地診断および緑化計画に対する基礎的研究」）

当時は周辺には何もなくて、当時の桜村（現つくば市）というところにたった一軒ある旅館に寝泊まりしながらの調査でした。枯れ野原やススキ草原、一部クリの栽培地などがあって、ところどころにアカマツが生えているような土地で、冬は寒くて11月の末になると氷雨が降る。雨でズボンが濡れて、それが調査して歩いている間に凍ってガチガチになり、それが肌に刺さって痛かったのを覚えています。限られた時間と予算の中でしたが、徹底的に植生調査を行ない、報告書も出しました。ドイツ語のサマリーもつけて、それは私たちが日本で初めて行なった応用植物社会学の調査研究成果として、今でも世界の研究所などにそのペーパーは入っているほどです。

しかし残念ながら、当時実際に設計、建設に携わっていた方々には、必ずしも調査内容は十分理解されなかったように思います。もしそのときに直接、池田先生にお目にかかれていたならば、若くて怖いもの知らずだった私はもう少し思いきって植生の大切さをアピールできただろうと思います。

池田　あの筑波研究学園都市の関連ですでに研究調査をされていたのですか。その当時にお会いしたかったですね。残念でした。

宮脇　１９６０年代後半には大規模開発がいろいろ計画されたわけですが、その後だんだん都市計画でも先見性をもち、緑環境に関心をもった方が増えてきて、多摩ニュータウンの開発に際しては事前植生調査を行ない、報告書も提出しました。（宮脇昭　１９６９「多摩ニュータウン開発地域の植生学的調査研究」）１９７０年代後半の美濃部都知事の最後の頃でしたが、知事室に行って提案したところ、美濃部さんは「ほお、それは利用したらいい」とおっしゃいました。ところが現場では、設計者に私の報告書はどこにあるか聞くと戸棚の上にしまってあったというような状態で、本来保護すべき斜面や水際の植生も破壊され、画一的に造成が進んでいました。当時の設計課長からは、「宮脇先生の言うことは分かる。しかし公団としては、いかに限られた空間に多くの人を住まわせるかという、建物づくりが基本であって、緑のことにはなかなか手が回りません」という言葉が返ってきました。

また、のちに千葉大学の教授になられた、やはり造園出身の田畑貞壽さんたちが横浜市の港北ニュータウンを建設するときにも私たちは調査を依頼され、植生調査をして報告書を提出しています。(宮脇昭　1968「横浜市港北地区の植生の植物社会学的研究」)田畑さんはにやにやしながら、なかなか宮脇さんの言うとおりにはならないが、できるだけ努力しましょうと言ってくれました。最初の筑波研究学園都市から比べると、多摩ニュータウン、港北ニュータウンと、次第に斜面の残存樹林などが残されるようになり、比較的よくなってきましたが、しかしまだ、新しい森をつくるというところまでは、なかなかいきませんでしたね。

池田　その後になりますが、私たちの会社でも大きなプロジェクトを次々にやることになるんですけど、1990年頃には東京日野市の東京都立大学のキャンパス造成をやりました。それは住宅団地を作るために業者が整地したところを東京都が買い取って、都立大学のキャンパスにしたのですが、僕らが現地に行ったときはすでに壮大な敷地はもうほとんど整地がしてあって、大量に赤土が露出していました。何だ、これでは、移転すると言っても何にもならないじゃないかと思ったのですね。ただ、少しだけ整地していないところが残っていたのです。

宮脇　斜面などですね。

池田　そうです。それで残っているところは「あれは絶対、手をつけるな」と言って、そこから少しでも植生の回復ができるような環境設計にしたのです。僕がみんなに言ったのは、「ミミズが自由に歩けるようなキャンパスにしよう」、「コンクリートはだめだ、自然石を入れる」ということでしたね。コンクリートを敷いてしまうとミミズは歩けないですから、ミミズが歩けるような自然豊かなキャンパスにしようというのがスローガンでした。そういうのが一番分かりやすいと思いましてね。

宮脇　それはなかなかいいキャッチフレーズでしたね。池田先生に30年、40年前にお目にかかっていたら、日本の都市づくりはベターからベストになっていたと思います。しかし、池田先生のような方がいらっしゃって、日本の都市計画、高層建築などに関与されて今日までがんばってこられているのに、今なお、いわゆる先鋭的な建築家から一般の建築関係の方まで、鉄、セメント、石油化学製品など死んだ材料だけを使った都市計画や住宅設計を行なっている人たちの多くは、理論的にはかなり分かってくださっているようですが、オーナーの強い圧力もあるのか、具体的に自然の掟に従った森づくりの方法を取り入れていただけないのは極めて残念だと思います。

池田　実際には日本設計は今、社員が700人もいて、国家プロジェクトをはじめ、いろいろなプロジェクトをやっています。そういう体制は設立当初からで、担当者やグループがそれぞれあってそれぞれで動いているから、社長が全部のプロジェクトに目を通すなんていうことは不可能なわけです。それで、実際のプロジェクトでこれは大事だというのは直接一緒になって取り組まないと、社長の僕も分からない。これは俺が責任を持ってやると言って関わったのが、たとえば筑波研究学園都市であり、都立大学であり、環境設計を柱に据えた長崎オランダ村（1983年）、そして佐世保のハウステンボス（1992年）であったわけです。

本質に目を背けた開発には命がけで反対

池田　こういう一連の取り組みの中で一つ、忘れられないエピソードがあるんです。琵琶湖畔に滋賀県が建てた「琵琶湖博物館」というのがあります。それは1986年に構想が立てられて、計画段階のコンペに6社くらいが指名されて、日本設計もその中の1社に入りましたので、大阪支社が担当しました。この仕事を受注するのに際して、各社が自分たちの案を審査員の前で説明するヒアリングという場があって、このヒアリングには社長が出てほしいというのです。僕はそれまで、そのプロジェクトにまったく関わっていなかったのですが、プロジェクトの概要書類に目を通すと、ちょっと気になる点があったのです。しかし現地を見ないと分からないので、まず見に行きました。どうも怪しいなと思いながら行ってみたら、まさにそのとおりでした。

琵琶湖には121本の一級河川を含む、約460本の川が流れ込んでいるけれども、海に流れ出るのは、琵琶湖大橋がかかっている瀬田川1本だけなんです。流れ込んでいる多くの河川は、何千年、何万年の間に蛇行し、大雨になって水量が増えると流路が変わったりするので、蛇行していたところが三日月形に残って、葦が生えたりしている泥沼、湿地帯になっている。琵琶湖の周辺にはそういうところがいくつもあって、地元では内湖《ないこ》と言いますが、それが琵琶湖と連携して豊かな生きものの環境を作っているわけです。この内湖は栄養豊富なところなので、魚も盛んに産卵し繁殖しているのですね。琵琶湖には日本の淡水湖ではもっとも多い五十何種類かの淡水魚が生息しているそうで、ここにしかいない固有種が20種近くもいるらしいのです。そういう国際的にも貴重な天然の生態系があるところなのですが、それは内湖が支えてきたとも言えるわけです。

ところがそういうところを、明治以来どんどん埋め立ててきたのですね。琵琶湖は大阪の市民の飲料水や工場地帯の水を補給する水がめになっている。国も県も水がめとしか見ていないわけです。だから、どんどん護岸をコンクリートにして、いかに水を確保するかということばかりやっていて、生態系のせの字もないわけです。

そういう琵琶湖の環境をメインテーマとして研究をしている琵琶湖研究所（現琵琶湖環境科学研究センター）の所長で吉良竜夫先生という方が素晴らしい本を出しているというので、日本設計の創立20周年のときにこの吉良先生をお招きして、環境問題の記念講演をしていただいたことがありました。

宮脇　吉良先生は私より9歳年上で、私の最も尊敬している植物生態学者です。

池田　滋賀県から、そういう貴重な琵琶湖の自然を紹介する琵琶湖博物館を作る計画が出たのは、その記念講演からしばらくした頃だったのですが、その計画はなんと、その内湖の一つを埋め立てて作る、というものだったんです。内湖というのは湿地なので畑にもならない、水がめにも全然役立っていない。要するに、経済的な観点からすると、邪魔者なわけです。だからそこを埋め立てて有効利用しよう、そうすると邪魔な湿地帯がなくなって、その辺の人も喜ぶし、周辺もきれいになるから歓迎なわけで、そこに環境博物館を建てるという計画です。

これは、今の経済の考え方や科学の考え方だとそうなるのだろうが、生態学の考え方で言うと、最悪の選択なわけですね。一番守らなくてはいけない内湖が、明治以来どんどんつぶれて、もうわずかに残っているにすぎない。そういうところを、今まさに埋め立てているという最中に、僕が見に行った。これはいかんと思いましたね。

埋め立てがまだ半分ぐらいだったので、すぐ会社のスタッフを集めて、「これはダメだ。琵琶湖博物館の建設場所を変えて、ここは復元して内湖のまま残す方が、絶対に環境にいい。この案はダメだ」と言ったわけです。「しかし社長、いくらそう言っても、これは県が出している課題だし、もう締め切りまであと数日しかないから、いまさら提出案は変えられないですよ」と言う。それじゃあ、僕はコンペのプレゼンテーションには出ない、落選してもいいよと言ってやったのですが、プレゼン参加各社は皆、社長が出るんだから、我が社も社長に出てもらわないと日本設計はハナからだめになるという。

僕もいろいろ考えたのですが、言うべきことはどうしても言わなくてはいけない。しかしそれを言えば、滋賀県の面子は丸つぶれだから大変なことになる。ということで悩んだ末に、出ることにしました。スタッフには、「出ることは出るが、僕は言いたいことを言うよ。当分、滋賀県からは仕事が来なくなることを覚悟してくれ」と言って出かけていったのです。そうして会場へ行ってみると、京大の建築科の教授が審査委員長で、吉良先生も審査員になっておられました。
僕は順番が来て真っ先に、プレゼンの案を出す前に、「あそこの敷地は、どう考えても埋め立てをやるべきでない」というところから話し始めたのです。工事は即座にストップして、湿地帯に戻した方がいいと思います、と言った。そうしたら審査委員長が困惑顔をして、「どうしますか」と言って並んでいる審査員を見回しています。すると吉良先生が困った顔をして、「池田さんのおっしゃる通りですけれども、すでに決まっていることですからね」と頭をこねてぼそぼそとおっしゃった。僕は、これはいかんなと思いましたね。

宮脇　それは、吉良先生らしくないな。吉良先生ならはっきり言われるはずですけどね。

池田　ところが、そうではないのですよ。会社設立20周年のときには本当にいいお話をしていただいて、僕は尊敬していたのですが、その吉良先生がそう言われたから、そこで僕はさらに、「いや、環境教育のための施設なのだからこそ、あそこは本当に、埋め立てては良くないのではないですか、どう思われますか」と畳みかけました。そうしたら、やっぱり「その通りです。だけれども、もう決まってしまっているから」と言うのです。
「それは困ります」と。あの大東亜戦争、太平洋戦争に日本が突入していったのも、大勢の識者は「これは良くない」「反対だ」と言っていたのが、いざというときに皆、口を閉ざして、反対しなかったから、結局戦争に入ってしまった。皆それを反省しているじゃないですか。

環境もまったく同じです、吉良先生のような方が「ノー」と言わなければ、誰がノーと言えるのですか、と堂々と、臆面もなく言ったんですよ。

僕はもう、平気なんです。日本設計はたとえ滋賀県から仕事が来なくても十分やっていけると思っているから。日本設計は世界を相手に本物の仕事をしているのだから、一つの県から仕事が来なくなってもいいと思ってやったのです。果たせるかな、それから3年間、日本設計の大阪支社は滋賀県から指名を外されましたけれどもね。

宮脇 吉良先生は県の琵琶湖研究所長でしたからね。でも、吉良先生らしくないですね。

池田 僕はそれまで吉良先生をすごく尊敬していましたが、結局、立場にこだわってものが言えない。吉良さんがダメなら、これは今の環境はもうダメだとも思いましたね。

それからしばらくして、建築学会から環境問題で論文を書いてくれと依頼があったとき、長崎県で手がけたハウステンボスをテーマに書いてくれと言ってきたのですが、僕は琵琶湖の問題の方が切実だと思いました。今、環境だ、環境だと言いながら、いざ本当に命がけで反対しなくてはいけないような問題に対して、環境博物館を作ろうというようなプロジェクトの審査員の人たちですら引っ込んでしまうのだから、日本の将来は、環境問題は、これはとてもダメだ。日本建築学会にそのことを書いて警告を発しようと考えたのです。学会誌は当然、自分の名前を出して書きますから、今度は日本設計が社会的に相当にいろいろな批判を浴びるし、それで仕事が来なくなる恐れもありました。

宮脇　今なら、拍手喝さいですけれど、当時ならあり得ることですね。

池田　僕はもう、誰になんと言われてもやる気だったのですけれども、一応役員会で話した。すると誰もイエスともノーとも言わないから、「それじゃあ、ノーはないな」と言って役員会を通したのです。でも、役員会を通しても、実質的にプロジェクトを立てて営業を動かしているのは部長クラスですから、毎月1回行なわれる、全国の支社長クラスも集まる定例の部長会で、50人くらいを前に同じことを言ったのです。「建築学会にこういう論文を出す、リアクションが必ずあるだろう。日本設計はかなりのクライアントから仕事が来なくなるかもしれない」と。

宮脇　批判が来るかもしれないですからね。

池田　ええ、それでも誰もイエスともノーとも言わないので、僕は言ったのです。「なぜこんなことを言うかというと、これをやれば、今は仕事が来なくなるかもしれないけれど、君らがリーダーになる10年先、20年先には必ずや、日本設計はさすがだった、という評価を得る。だから、君らのために、僕はやるんだ」と言いました。そうしたら今度も、誰もイエスともノーとも言わないから、「ノーはないな」と言って通したんです。それで、記名入りで学会誌にばんばん書いたわけです。

滋賀県はそういうことで、3年間出入り禁止でしたが、それ以上のこともなくて、今は滋賀県からも指名は来ているようです。

ハウステンボスは、環境会計でみれば1750億円の黒字

池田　1980年代に入ると、当時すでに環境への意識を持っている著名人はいました。長崎オランダ村のプロジェクトを立ち上げていたときに、当時日本興業銀行（現みずほ銀行）のトップだった中山素平さんをお連れして敷地内を案内したことがあったのです。そのときに海岸線をずうっと見ていただきました。敷地は大村湾に面している入り江にありましたが、大事な海をけがさないということで海岸線はいじっていないのです。海上の出入り口として桟橋を作ったけれど、海岸線には一切手を触れないで、パイルを打って迂回しました。海岸線はまったく昔のままです。コンクリートも打たず、削ることも何もしないで、そのままです。だから、カニが自由に出入りできるようになっている。本体は大がかりな施設ですから、船着場に大きな船も着くわけです。いろいろな施設を海に面して作っているけれども、元々の海岸線はまったく手を付けないで大事にしてあるのです。

そういう話を中山さんにしたのですが、そうしたら、中山さんはじっと聞いていて、「池田

さん、これから僕は沖縄の商工会議所で話をすることになっているけれども、その話をしていいですか」とおっしゃる。僕は喜んで、是非してくださいと言ったんです。

環境問題については、話しても論文を書いても、建築家や学者などが全然ダメなのに、財界の中山さんがすぐ反応したから、僕はびっくりしたのです。

宮脇　中山さんは当時すでに、私も週2回のパートでお手伝いしていたまだできたばかりの日本自然保護協会の田村剛理事長を助けて顧問か何かをやっておられたんです。

池田　長崎オランダ村の環境対策でもう一つ言いますと、あそこは入り江が深く入っているところだから、下水は20ｐｐｍまで流していいことになっているのです。しかし、上限の20ｐｐｍで流すと、大村湾は1ｐｐｍか2ｐｐｍしかないから10倍も汚れたのを出すことになり、すぐ汚染されてしまう。それで、下水を5ｐｐｍまで浄化する特殊浄化をやったのです。当然コストがさらに5割くらいアップしてしまうわけです。オランダ村建設を推進したのは、神近義邦という地元西彼《せいひ》町の青年でしたが、彼に下水道施設費を5割もアップした計画を出したら、「池田先生、こんな下水道にいくらお金をかけてもお客は来ませんからダメです」と言う。それで僕は、「それでは、あなたは自分のふるさとの海を汚してまでお金儲けをするのか。それなら僕は設計する意味がないから手を引くよ」と言ったのです。

彼が偉かったのは、確かにその通りだからといって、下水道関係で5割アップしても採算が乗るように、ほかのところを削って全体として予算をオーバーしないように一生懸命模索して、ついにそのバランスをやりくりして、OKを出してくれたのです。だから、オランダ村は下水道に5割アップのお金をかけて海を汚さないような装置をしてあるんです。それだけ金をかけてやっても、どんどんお客が入り、一時は事業としても成功したのです。

長崎オランダ村で彼は、環境にお金をかけても、人が多く来ればやっていけるという確信を持って、それで後に佐世保のハウステンボスをやることになったのですが、ハウステンボスでは僕の言うことは100パーセント受け止めてくれました。それから何よりも、中山素平さんが、ハウステンボスの環境に対する姿勢をものすごく高く評価してくれました。

中山さんが99歳で亡くなる1年ぐらい前にインタビューした人がいて、その中で「ハウステンボスに融資したことを、中山さん、後悔はなさいませんか」という趣旨のことを質問したのです。中山さんは、「自分はお金儲けのために融資はしない。そのプロジェクトは日本の将来にとってどういうふうな位置づけになるかというところで応援するかしないかを決める」という意味のことをおっしゃった。

要するに、自然を壊すのは、ものすごく短期間に、安くできるけれども、自然を再生するのは膨大な時間とコストがかかる。ハウステンボスはそういう意味で、自然がめちゃくちゃに壊されたところを、本来の自然を回復することまで考えてやったから、当然コストも時間もかかるのです。それで中山素平さんは、そのことをよく知っているものだから、「ハウステンボスは日本の将来のために大事だ」というので融資してくれたのです。素平さんはすでに頭取を退いておられたけれども、一言言えば現役の頭取は動いたわけです。そういう実力者でしたから、素平さんのおかげでハウステンボスはあれだけの融資を受けてできたわけです。素平さんがいなくて、お金儲けのために融資をする今の体制だったら絶対、融資はされなかったでしょうね。

宮脇　そうですか、長崎オランダ村も、ハウステンボスも中山さんの肝いりでもあったわけですね。

池田　ハウステンボスは今、厳しい状態が続いていますが、今の経済指標だけで見ていればそういう結果になるわけですね。それで僕は、2003年に会社更生法を申請することになったときに、対抗策として「環境会計」という考え方で試算したことがあるのです。それは事業活動における環境保全のためのコストとそれによって得られた効果を定量的に、つまり経済的に測定換算して評価する仕組み、というようなことですね。この考え方でハウステンボスの環境収支を計算してみると、1750億円くらいの黒字になっているのです。

結局、神近社長がクビになって、興銀が乗り出してきて継続経営することになったのですが、そのときに興銀から僕にハウステンボスの社長になってくれと頼みに来ました。僕は当時70歳代後半でしたから、社長になるのは40歳代の体力、気力、知力が必要だ、40歳代だったら喜んで引き受けるが、と言って断わりました。

宮脇　生物学的に言うと、それは間違っていますね。生物学的には、人間もメスは130歳、オスもよほど悪いことをしなければ120歳までは生きられる可能性をもっているのです。池田先生は当時まさに、働き盛りだったんですよ。

池田　それは知らなかったけれども、それなら、会長になってくれというので会長で入ったんですが、ところが最初の役員会のテーマが「モーニング娘。を呼ぶのに、どうするか」という話だったのです。僕はモーニング娘って何だか知らなかったので、「モーニング娘って何ですか」と聞いた。そうしたら、ああ今度来た会長はモーニング娘も知らない、そんなのがレジャー施設の会長になったって人は呼べない、もうダメだ、ということで、その後は経営会議に全然お呼びがかからなくなりました。

宮脇　モーニング娘って、何ですか（爆笑）。

池田　宮脇先生だって分かりませんよね。女の子たちが何十人もいて歌ったり踊ったりするグループで、若い人たちにとても人気があるんだそうですが、そういう人気者を呼んできて人を集めようというわけですね。僕なんか、そんなの何も知らなかったんですけれども、結局は何のためにやるのか、ポリシーがまったく分かっていないんですよ。

宮脇　事業に哲学がないんですね。

池田　そうなんです、哲学がなくて経営したら、目先のことにこだわっていてダメになるのは当然なんですよ。

超高層化は空間利用で緑地が増えるはず

宮脇　そういう画一的なハコモノ作りによる開発や都市計画をやる時代は終ったのではないでしょうか。本物志向が大切だし、生物多様性というのは、まさしくそういう部分で考えるべきだと思いますね。

池田　本来、僕が超高層に取り組んだのは、東京で緑がどんどん減っていったからなんです。建物を建てるときには床面積を多くするほど経済効率がいいから、敷地いっぱいにビルを作ることになるわけですね。そうしないで高層化すれば、敷地に対する効率もさらに良くなるわけです。

宮脇　上は、空は無限にありますからね。

池田　そう、しかも敷地内で建物の周囲に空間がとれるわけですね。建物の高層化というのはそれが目的でした。霞が関ビルの設計に際しては、高層にするためにいろいろな技術試験をして、8年かかってやっと、日本でも高層は可能だと確信できるところまでいったのです。あれはその後の高層化に向けた重要なテストケースになりました。

宮脇　限られた敷地に有効な建築物を作るだけでなく、敷地そのものを有効に活用するという意味で大変革命的ですよね。

池田　それで、日本設計が1970年代の中頃に手がけた新宿三井ビルのときは、今度は周辺の低層部をいかに作りこむかということで、緑を増やしたのです。宮脇先生のご指導を得ていればもっといい低層部ができたのだけれども、ただ木を植えて緑をいっぱい作ったというレベルでした。それでも新宿三井ビルが超高層の中では一番緑が多いですよ。

宮脇　お隣の京王プラザホテルも池田先生の設計ですね。

池田　そうです。京王プラザホテルは1971年にできていますが、このビルと新宿三井ビルを対にして、その間に緑の空間を作る、そのために超高層の技術を活用するんだというのが、僕の基本姿勢だったのです。ところが、超高層ばかりが目につくものだから、周辺のことには誰も関心が向かないんですね。今もなお、肝心の目的だった、空地を作ってそこに緑を増やすという、その大事なところがほとんどなされていないのですよ。

宮脇　その後しばらくして建てられた東京都庁も隣接していますが。

池田　都庁はもうまったくダメですね。あそこは新宿三井ビルのブロック三つ分ですからね。都庁の床面積を計算したら二つで十分に都庁機能は入るのですよ。その二つのブロックにオフィスを集約して、もう一つのブロック、真ん中の部分ですね、今議会棟が建っているところを完全に開放して、そこを緑の空間にすればいいと、僕は提案したのです。

宮脇　それが実現していたら、本物のいのちの森と共生する都庁、都市作りのシンボルができたはずです。

池田　結局、その提案は通りませんでした。審査員はまったく超高層の超の字もしたことがない人たちばかりでしたからね。丹下健三さんの弟子ばかりが審査員になっているから、もう全然ダメ。丹下さんはデザインはいいのだけれども、そういうフィロソフィーがないんですよ。特にあの都庁舎にはいのちへの視点、哲学が感じられませんね。僕はあそこの真ん中のワンブロックを緑にしたかったんです。なにしろ５０００坪のスペースですからね。

宮脇　ニューヨークのセントラルパークみたいにね。

池田　十分それにふさわしいことができる広さの空間なのですよ。そういう空間も作っておけば、なんでも使えるわけだから。そういう提案をしたけど、まったく評価する審査員がいなかったんです。

宮脇　この間たまたま京王プラザホテルに行ったのですが、周りの道路沿いにタブの木の並木を植えていますね。これも大事なことなんです。幅が1メートルあれば十分に立体的な樹林ができますから、不慮の災害に対して一時的な防災防火機能を果たします。国土の狭い日本は空しか使えないのですから、並木も頭は切らないことです。そして街の中の並木はセメント砂漠の中の唯一の立体的な防災・環境保全林の機能を果たすわけですから、点から線に、線から帯状につないで広げていくことが大事です。狭い空間では1列でもいいのです。木は有機物ですから、火事の際に何時間も火の嵐の中にあれば焼けますけれど、常緑広葉樹のタブノキなど一年中、葉に水を含んでいるので、火防木《ひぶせぎ》とも言われるほど火には強いのです。そこで火が止まっている間に逃げるなり、あるいは消火活動なりできる。海岸沿いでは高潮、津波に対し波砕して、内陸への海水の浸入を減速します。また無機質な都市、住宅環境の中で暮らし、働いている人たちの癒しの場になるなど、生きた材料のそういう多面的な機能がとても大事で、ハードな施設だけでは生きものとしての人間の持続的に心も体も健全な生活は望めないんですよ。

池田　そのことは確かに阪神大震災のときなどで多くの実例がありましたね。

利権に立ち向かっても正論は通る

宮脇　日本設計では国際的なプロジェクトも数多く手掛けておられますね。

池田　今やっているのは、海外の発展途上国に対する政府開発援助（ＯＤＡ）関連のものが多いです。日本のお金と技術で支援するＪＩＣＡ国際協力機構の事業などです。日本設計本社は新宿三井ビルの高層階にあって、すぐ下にＪＩＣＡがありましたが、ＪＩＣＡの案件はずいぶんやりました。

そのＪＩＣＡも、たとえば日本の最高の技術を持っていって対象国に病院を作ると、向こうの病院のスタッフもあれが欲しい、これが欲しいといってどんどん要求するんだそうです。それでものすごいコンピューターなどを入れるのですが、現地のスタッフにそれを使いこなす技術レベルがなかったり、故障したときのバックアップ態勢がないから、ちょっとフィラメントが飛んだくらいの故障で使えなくなって埃まみれになっている。そういう状態なんですよ。現地の経済状態や技術状態に合った施設はどうあるべきかという、そういう基本的なことを考えない援助が多いのですね。しかもそれを、援助先の国の高官とこちらの政治家がやりとりして、リベートを懐に入れるのですよ。利権になっているのが多いです。「こういうのを要求する」、「ああ、いいよ」というわけ。で、僕ら日本設計に、ああしろ、こうしろ、と圧力をかけてくるのです。

もう、十数年前のことですが、あるプロジェクトで僕がそういう要求を拒絶したことがありました。そんなことは向こうでは意味がないから、それはダメです、できませんと言った。そうしたら、JICAの案件から日本設計を除名しろと言ってきました。

宮脇　そういう圧力があるんですね。

池田　ずいぶん週刊誌ネタにもなりましたが、アフリカのある国に職業訓練センターを建設する事業でした。工作機械の選定で、日本の労働族国会議員が動いて、当時の労働省の役人経由でいろいろ言ってきた。総額十数億円の事業でしたが、1億くらいの機械で済むところを3倍ぐらいの価格で決めたがっていたんです。向こうの国の担当大臣から当時の社長だった僕のところへ「こちらの指示どおりにやれ」と電話がかかってきたりしましてね。日本の技術援助なんだから、その技術指針どおりにやると言って突っぱねました。結局、こちらの主張が通りましたけどね。

宮脇　かなり叩かれたのですか。

池田　一方的に向こうが有利になるような情報を週刊誌に流したので、まるで日本設計が悪者みたいな記事が出たのですよ。しかし、話が世の中に出たら、最終的には正論が通るものです。裏でいくら手を回してあれこれやったってね。そういう戦いになると、僕は一歩も引きません。もともと帝国海軍の軍人ですから。もうワクワクしてね、「よし、やれっ」というようなものです。そういうのはやりがいがありますよ。

子や孫の代まで見据えた都市計画を

宮脇　１９７０年代の日本の都市計画は、全部きれいにしなければ落ち着かない、まず裸地にしてそれから必要なら植えればいいじゃないかというものでした。しかし植物、生きた材料による再生には生物的時間がかかります。そう簡単にいかないんですね。

池田　宮脇先生のお仕事で、都市部の緑を再生させたお手本のケースとしてはどんなところがありますか。

宮脇　横浜国立大学のキャンパス内や、横浜市立大学の医学部、大学病院のまわり、新横浜駅近くの環状2号線などで見ることができますが、ただそういうのは狭い範囲で部分的なんですよ。もっと広範囲にわたる都市計画のなかでやってもらいたい。やはりトータルシステムとして、池田先生が言われたようなミミズの歩ける環境作り、あるいは野生生物でも歩けるような緑が望ましいですね。立体的な緑のコリドール、溜まり場ということですが、空間がすべて緑でなくてもいい、空間や施設の周りを森で囲めばいいんですからね。

池田　いわゆる街づくりをそういう構想でやっているところはないですよ。だって今は知りませんが、かつての東大の建築と都市計画の教授にそういう発想がなかったんですからね。そして今の大学はどこも皆、東大に右へならえですから。しかも、東大は伝統建築はまったく教えなかったしね。だからもう、東大は早くつぶした方がいいって僕は言っていたんですよ。

宮脇　国土交通省などでも、道路、ダム建設などに生きている緑の構築材料・本物の緑環境・土地本来の森の再生の必要性を正しく理解してくださる熱心な所長や現場の担当課長がおられるところでは、積極的に進めてくださいますが、所長や責任者が替わると、また業者に丸投げしたり、まったく違うことをやりますからね。日本人にはフィロソフィーがない。とくに現代のモダンな人たちにはね。基本がおさえられていないから。

池田　民間企業も、トップが替わると途端にもう、前のとは違うことをやる。

宮脇　組織は、自治体などでも各部署が縦割りにそれぞれ部分的に考えますから。だから、トップダウンでないと、こういうトータルな構想に基づく仕事というのはなかなかできないですね。

まず、池田先生と一緒に、都市でも産業立地でもどこでもいい、どこか一カ所で、生きているすべての市民が孫子の代まで知性も感性もより豊かに、生き生きと学び、働き、経済的にも安定した生活ができるような、本物のいのちの森と共生する都市づくり、産業立地を、力を合わせて計画して、実際に作りたいですね。

II

潜在自然植生こそ自然本来のシステム

新日鐵大分工場の
植樹風景。

新日鐵大分工場に完成した
インダストリアルフォレスト。

生命の掟を見抜く

本質を見抜け、自然の植生と人間の社会はホモロジーな関係

池田　僕は宮脇先生の『植物と人間』というご本からとても大きな示唆をいただいて、人間社会を見る目が開けたわけなんですけれど、宮脇先生が植物についてお話しされる中で、自然の植生は人間社会に似ているのではなく、そのものだとおっしゃいますね。

宮脇　そうです。アナロジー（相似・類似）な関係なのではなくて、基本的にはホモロジー（相同・同一）だと言うんです。

池田　僕も直感的にそう思っていたんですけれど、日本設計を設立して、１００人からの組織を作ったときに、人を能力で選んで集めるのではなくて、それぞれのいいところを見て生かすことだというところに行き着いたわけです。

宮脇　来るもの拒まずですね。

池田　そうそう、いろいろな能力の人をどういうふうにオーガナイズするかということな

んですけれど。宮脇先生が自然の植生について書かれた『植物と人間』を読ませていただくと、そこに書かれていることは植物のことだけれど、先生のお話はそのまま人間の社会と一緒だなあと思いましたね。そこに僕は、ピーンときたんですよ。それからはもう、どんな人間でも、その人の個性を生かした組織作りをしようと考えてきた。だから日本設計は、宮脇先生のこのポリシーが、そのまんま原点になっているのです。優秀な者だけをとって、そうでないのを切るということはしない。

宮脇 いや、それを見抜かれるのが池田先生の素晴らしさですね。それこそ40億年かけて生き残ってきた生物社会の姿ですからね。これはどんなに机の上で考えても、絵に描いても、計算機やコンピューターを使っても、分からない。それを、本物とニセモノを見分けるいのちの智慧、感性で、見極めていただいたのはたいへん光栄です。

かつて大蔵省のトップ研修や公務員の上級研修会などで森の仕組み、森の掟について話をさせていただいたとき、それは人間社会とよく似ていますねと皆さんおっしゃるのです。私は単に似ているというのではない、本質はホモロジーだと、いのちの仕組み、掟はどこから見ても同一ですと言うのですが、なかなかそこが分かっていただけないですね。

池田 近代合理主義というのは、目先の結果に対してどっちが合理的かというところで物事を見ていくんですね。しかし自然の植生というのは、何億年という時間を経て今の姿があるということなのであって、目先のものではないんですね。時間的な尺度が違う。人間の目先の合理を越えた、そういう大きな視点から、人間の存在意義をどう考えるかということですね。

宮脇 そうです。物事を目先の価値に照らして一面的に見るのではなく、トータルでどう見るかということが大事なんです。ところが日本では多くの場合、目先の問題をどうするかという小手先のことだけに対応している。私はそういうのは「秋の田んぼのバッタ取り戦法」だと言うのです。ただ目の前のバッタを取ったって、バッタはいくらでも出て来るわけです。本質的な解決にはなっていないんですね。

植物の社会では、ぎりぎりのところに生き延びたものが群落を作る

宮脇 合理主義だけではダメだということのもう一つの実例ですが、生物の社会を見ていると、生存のための最高条件と最適条件は違うんです。すべての敵を負かし、すべての欲望がかなう最高条件というのは、実は死の破滅が近い危険な状態なのです。

池田 そうなんですか。最高の条件は危険な状態ですか。

宮脇 生きものにとっては、生理的な欲望のすべてが満足できる少し前の、少し我慢が必

要な状態が、エコロジカルな意味で最適な状態であり、それが持続的に生きていける条件なんです。

生命の進化から言いますと、40億年前に水の中で誕生した生命は、長い歴史のほとんどを、降り注ぐ放射線や紫外線を避けて水の中にいたわけです。はじめは水の中にしか住めなかった生きものたちですが、4億年前にビッグバンと言われるような大変動が起こって海水面が下がり、水際の生きものは皆死んでしまったけれども、この危機をチャンスにして地上に這い上がってきた生きものがいた。それが生命の上陸です。まさに生きものにとって、危機はチャンスなんです。

池田 なるほど。

宮脇 そして生命は植物と動物の二つの大きな幹に分かれて、何十回、何百回も襲ったであろう地球上の大異変の中を死滅と生き残りを繰り返しながら、長い時間をかけてゆっくりと進化してきました。植物は藻類からコケ類に進化し、間氷期の高温多湿になった3億年前にはシダ植物が発達しました。原始のワラビの類が大森林を形成し、光合成でカーボン、すなわち炭素をどんどん吸収して林内に固定したのです。その森は次の大異変、多分氷河期などで絶滅するのですが、シダ類の大森林などの有機物が次々に積み重なって土の中に埋まり、それが長い間に地熱や地圧を受けて液体になったのが、いわゆる石油、石化したのが石炭、またその一部がガスになったわけです。その間のおよそ3億年の間、地球上のカーボンの循環システムはバランスがとれていました。

その次に現れたのは裸子植物で、イチョウやソテツ類、スギ、マツ、カラマツなどの針葉樹の森が形成されました。そして現在は、被子植物の時代です。日本列島の大部分では、主な樹木では常緑広葉樹のシイ、タブ、カシ類、山地や北海道などでは冬に落葉するミズナラ、ブナ、カエデ類が優占種です。

そういう地史的な長い時間の経過を経て、生きものたちは進化してきたわけですが、裸子植物のスギ、ヒノキ、マツ、カラマツなどの針葉樹は、現時点での自然状態では、生理的な最適域がすべて被子植物の広葉樹に押さえられてしまったので、常緑広葉樹林帯と落葉広葉樹林帯の境界付近などで、乾きすぎている岩場や尾根筋に、あるいは多湿な水際など、すなわちちょっと立地条件の厳しいところに、局地的、部分的に自生しているわけです。

池田 追いやられたわけですか。

宮脇 生物の生存条件は、外部の環境条件と、集団内の社会的条件によって決められます。多くの植物は、その種にとってどんなに生理的に最適な条件のところでも、そこに競争力の強い他の植物が生育していれば、その周辺のちょっと厳しい条件のところにしか生きられない、ということです。

池田　なるほど。

宮脇　明治時代に日本の植物学の基礎を築かれた三好学先生の『植物植生帯分布』を見ますと、そのあたりのことが詳しく書かれています。常緑広葉樹林は関東以西から九州あたりでは海抜800メートル以下のところに生育し、その上に落葉広葉樹のミズナラ、ブナ林がある。それに対して針葉樹のモミなどは局地的に少し見られる程度だというわけですが、ところがこのモミは鎌倉の八幡様を囲んでいる社叢林《しゃそうりん》のような標高の低いところにも出るけれども、かなり標高の高いところにも出現する。このように標高に応じて帯状に分布しているとは言えないので、植生帯分布の一つとしてモミ帯というのを作るかどうかで大分議論したというのです。

つまりモミ、マツなどの針葉樹は競争力は弱いけれど、常緑広葉樹林帯と落葉広葉樹林帯の隙間の、岩場や尾根筋、水際などに、その厳しい条件に耐えて局地的に樹林を作って生き延びているので、分布域が帯状にならないのです。土壌条件などが最適の立地には広葉樹の森が優占しているので、自然状態ではこれら優勢な樹種が生きられないような環境に我慢しながら、そこで最も健全に生育している、ということなんです。

池田　実際に調べてみるとそうなっているというわけですね。

宮脇　そうです。たとえばカラマツは、富士山のスバルラインの終点、海抜2400メートルの駐車場の上の、雨が降ってもすぐ流れてしまうような乾いた溶岩の間に、盆栽か庭木のような形で生育しています。その条件の悪いところが天カラと呼ばれている自然のカラマツの自生地なんです。それを見て、カラマツは極端に乾いているところが好きなんだろうと思うわけです。

ところが、尾瀬ヶ原湿原でかつて文化庁の許可をもらって腰まで水に浸かって調べた背中アブリ田代などにもカラマツがありました。尾瀬の湿原は泥炭層が広がっているわけですが、泥炭というのはミネラルがない上に養分がほとんどなく、しかも雨水がたまって酸性になっていて、ミズゴケ類のようなものしか生えないのです。そこへ周囲から少しずつミネラルや栄養分が流れ込むようになると、木本植物が少しずつ出てくるのですが、最初に出てくる高木がカラマツなんです。また、上高地の梓川沿いにしょっちゅう大雨や洪水などで冠水する非常に不安定なところがありますが、そういう水際にケショウヤナギと一緒に最初に出てくる木はカラマツなんです。

おそらくカラマツは、富士山の溶岩上のような乾きすぎているところや、水辺などの多湿なところが好きなのではなくて、自然状態では他の樹木の再生力が低くなるような厳しい場所にしか生育していないと考えた方が辻褄が合う。

植物はすべて好きなところ、好みのところに生えるというのは間違いです。実は競争力は弱いけれども、厳しい条件にも我慢できる植物は、他の植物がまだいないところ、いられないところに生える。そこでは持続的に生育している、というのが正しいのです。裏返して言えば、競争力の強い植物は、実は厳しい立地環境には耐えられないわけです。

生態的最適域でないところに植えられたものはニセモノ

宮脇　ドイツの著名な植生学者で、ゲッチンゲン大学教授をしていたハインツ・エーレンベルグ教授は、実に興味深い実験をしています。ドイツのハルツ地方の山にはコメススキというイネ科の草があるのですが、それは日本でも浅間山が噴火してできた火山灰や火山礫の裸地に最初に出てくるものなんです。そのような草がハルツでは乾いた岩場に自生しているから、乾いたところが好きなのだと思っていた。しかし後に、パビロフスキーというポーランド科学アカデミーの植物社会学者に招かれてポーランドへ行ってみると、それが湿原のそばにたくさん生えていた。それで、エーレンベルグは分からなくなったんですね。植物というのは一番好きな条件のいいところに生えると思っていたのに、一方は乾燥地で、一方は湿原なのですから。

それで大学へ戻って実験を行なったわけです。まず、ほ場に水路をつけて、湿ったところと乾いたところ、真ん中に湿りすぎず、乾きすぎない適湿のところを作りました。そしてそれぞれの実験区に、ヨーロッパの牧野に自生している4種類の主だった牧草の種を播いてみたわけです。個々の草種を単植したときは、どれもみんな湿りすぎず乾きすぎずの中庸の場所で最高の成長率を示しました。しかし自然界には1種類だけで存在するなどということはあり得ないわけですね。そこで自然草地と同じように、4種類を混ぜて播いてみたのです。

こうしてエーレンベルグたちは、1種類だけを播いて競争相手がいないときの生長カーブが一番大きいところを、その種の生理的最高条件と考えました。そして自然草原に近い形で4種類を混ぜて播いたとき、本当は適湿立地の最高条件のところで一番生長するわけだけれども、そこはより競争力の強い植物カモガヤに押さえられてしまって、心ならずもか、ちょっと湿りすぎたところ、たとえば日本では春の水田に生育しているスズメノテッポウの類があり、または乾きすぎたりしたところに出現するスズメノチャヒキなどの草本種がある。こういうところが、その種にとってのエコロジカルな最適条件なんだと言ったわけです。

池田　それは興味深い実験ですね。

宮脇　私はドイツでそういう実験を見て、日本へ帰ってみると、カラマツなど多くの針葉樹がまさにそうなんですね。つまり針葉樹というのは、自然では広葉樹がいられない隙間のような厳しい条件のところに局地的に優占して自生していたわけです。そこは彼らにとって最高条件の場所ではないけれども、持続的に生育できる最適な場所だというわけです。

ところが、カラマツ、スギ、ヒノキなどの針葉樹は木材として有用で、お金になるというので、人間の都合によって、シイ、タブ、カシ類などの常緑広葉樹林域や、山地のブナ、ミズナラなどの落葉広葉樹林域に、すなわち自然状態では別な優占種がいて自生できなかったような立地条件に恵まれたところに強引に、画一的に植えられてきたわけです。

本来は広葉樹林域であるところに無理に植えたわけですから、下草刈り、枝打ち、間伐などの管理を続けないと、広葉樹林域であれば周囲の林縁にあるはずのクズ、カナムグラ、ササなどが林内に侵入して藪となり、山が荒れた状態になるのです。このように絶えず管理しないと森がダメになるのは、本来そこに自生していなかった木を植えているからです。表現は悪いが、木がその土地ではニセモノだからですよ。

池田　ニセモノというのは外来種ということですか。

宮脇　それだけではありません。もちろん、いのちの側からいえば生きている限り、すべて本物です。しかしその土地本来のものではないという意味で、極端な表現が許されるなら、ニセモノだというわけです。本来の居場所でないところに無理に植えて作られた針葉樹林は、常に維持するための管理が必要となるのです。また針葉樹は一般に陽生で、パイオニア的であり早生樹ですから、初期の生育は早いが、早く過熟林になり、災害、病虫害などの被害を受けやすいのです。多くの針葉樹は、広葉樹が生育困難な、または生えることのできない条件のやや悪いところが生態的最適域と言えるわけで、そういうところで局地的に優占し、持続的に生育している、それが本来の自然の姿なのです。

いのちは勝ちすぎたところが危険

宮脇　今、地球環境の問題がいろいろ騒がれていますけれど、私が見ているところでは、この程度の温暖化や、その関連で局地的には不幸な地震、大火、津波などの自然災害が起ころうと、また新しいウイルスや病原菌が出てこようとも、それによってすぐに地球上の人類68億人が全滅することはまずあり得ません。ですが、生命の世界では、発展しすぎているところ、一人勝ちしているところは実はその生きものにとって最高の状態ではなく、危険な状態なんです。もちろん人類にとってもそれは当てはまる可能性があります。

たとえば、シャーレで培養したバクテリア集団などで典型的に見られる現象ですが、肉汁にバクテリアを入れると、自己増殖してコロニーはどんどん大きくなります。それが盛り上がるように大きくなると、突然その最も盛り上がったところがぽたっと落ちて、つぶれてしまう。こういう現象を生態学ではデスセンター＝死の中心と言います。でも周辺のバクテリアは生き延びているから、それによってすぐに全滅することはまずありません。時間をかけてまた復元していくんですけれど。

尾瀬ヶ原の高層湿原などでも同じような、ブルトと呼ばれる小高く盛り上がっているところと、シュレンケと呼ばれる自然に低くなっているところが入り組んでいる現象が見られます。高層湿原では初めは、ミカヅキグサのような氷河期から生き残ってきて水の中でも生育できるような草しかありません。低温で、しかも酸性でミネラルがなく、限られた植物しか出てこられないところなんですね。ところが、それが自己増殖してどんどん上に盛り上がっていくと、水が足りなくなる。つまりちょっと乾燥するわけです。そうすると、そこに地衣類という、灰色の原始的なミズゴケのようなものが出現して増殖していくんです。それが最高に発達したときに、ボコンとつぶれて落ちる。そして今度は、それまで低かったところが植物などの枯死体が粗腐植の状態で堆積して、徐々に盛り上がっていく。

このように、高層湿原は高いところと低いところが数十年から、しばしば数百年の時間をかけて交互に出現し、何百年もバランスが取れてきたわけです。

池田　勝ちすぎるというのは、そういう盛り上がっていくことなんですね。

宮脇　ですから、地球の生命の歴史からみると、どんな社会でも、ずば抜けて勝ち過ぎるのは、反面、危険な状態なのです。

世界の研究者たちがいろいろ論文を出していますが、今のように人類が生態系の枠を大きく超えてエネルギーやモノの使い放題を続ければ、あと30年、50年で地球は人間の生存に危険な状態になっている可能性があります。増加し続ける人口に比して、エネルギーや物質は有限ですからね。最高条件を求めすぎてしまうと、しっぺ返しを受けることになるんですよ。

しかも、都市や新産業立地などをはじめ、もっとも物質的にもエネルギー的にも、また経済的、社会的にも恵まれた、過去の人類の生活史からみて突出した最高条件で生活している私たちが、最初に局地的大量死などの悲劇に曝される危険度が高くなる可能性を否定できません。したがって、私たち自身の一人ひとりが、長いいのちの歴史に支えられて生きてきた生物社会の掟、システムを正しく理解しながら、いかに生態的な、エコロジカルな最適条件のところで少し我慢しながら生き続けるか。それは生命の歴史的法則です。人間が優れた知性、感性を持っているのなら、この長い生命の営みが繰り返してきた絶滅と進化の歴史を顧みて、破滅の前に積極的に間違いのない対応、生き方を模索し、健全な明日を目指して着実に生き延びるべきです。

潜在自然植生という、その土地本来の植生を見抜く

誰もやらなかった雑草生態学を選んでドイツへの道が開けた

池田　ところで宮脇先生は、もともと雑草をご専門にされたのでしたね。

宮脇　私は生来、体が弱かったこともあって、池田先生とは違って戦争にも行かなかったし、青年期まではのんべんだらりと生きてきましたが、気がついたら、今、植物をやっているというわけです。だけど今でも植物が特に好きだと思っているわけではなくて、ただ空気のようにやっているので、あんまり疲れないんですね。

私は岡山県北西部の山間の農家の四男坊として生まれて、物心つく頃には周りの人がみな、藪蚊やブヨが出るなかで、ボロをねじって火をつけてそれを腰に差していぶしながら、畑や田んぼの中を這いずり回って雑草をとるのを見て育ったわけです。それで私は、農地から雑草が排除できたら、もう少し農家の人は楽になるのではないかということがいつも頭にあって、雑草の研究をするために新見農林学校へ入りました。それから東京の農林専門学校

（現東京農工大学）を経て、旧制広島文理科大学へ進学して、雑草生態学を卒業論文のテーマに選びました。

そのとき、恩師である堀川芳雄教授に「おお、雑草か。雑草は理学と農学の境であんまり人がやってない分野だから面白い。だが宮脇君、雑草なんかやったら一生陽の目をみないし、誰にも相手にされないぞ。しかし君が生涯をかける覚悟があるならやりたまえ」と言われたのを今でも忘れません。ですが、人がやっていないことであれば、割に楽なわけですから、「よし、やろう」となったのです。

大学を卒業して、研究を続けるため横浜国立大学の助手をしていた時代には、夜汽車を乗り継いで、春夏秋冬と、全国を植生調査で渡り歩きました。雑草というのは早産性、多産性で、作物より遅く芽が出て早く育ち、そして作物を収穫する前にたくさんの種子を落とします。作物は毎年植えなければいけませんが、雑草は人が耕し、施肥する限り、田畑の主として旺盛に繁茂します。いつでも何かが生えてくるわけですが、何が出てくるのかは季節で違いますから、鹿児島から四国、本州を縦断してイネ作の北限であった北海道の音威子府《おといねっぷ》まで、季節ごとにそれぞれ60日ずつ、年に240日、日本中をぐるぐる回って、その季節に見られる雑草を調べまくったのです。

移動はもっぱら夜汽車でした。普通列車に夜乗れば、翌朝には目的地に着きますから宿泊代も浮くし、時間も節約できるのです。当時は駅からバスでちょっと入れば、大体どこでも田んぼや畑がありましたから、すぐ調査できました。こうして現地調査した成果を、皆さんのお世話になりながら苦労してまとめて、英語で2本、ドイツ語で1本、論文にしました。

これは結局、日本の学者にはほとんど相手にされませんでしたが、ドイツ語で出したものが生涯の師となるドイツのラインホルト・チュクセン教授の目に留まったんです。それで「雑草は、除草するという人間活動と緑の自然との接点、最前線にある。これからは、自然と人間活動との葛藤が大きくなるから、雑草の研究は大事になる。俺も研究を始めているから、ぜひ俺のところに来い」と誘われたのが1958（昭和33）年のことです。

その頃、私は横浜国立大学の文部教官助手をしていましたが、その月給が9000円でした。教授でも2万円、しかしドイツ往復の飛行機代は45万円という時代です。行くのにも56時間かかる。同僚の助手や助教授は、「宮脇君、夢を見るのもいいけれど、無理だろう」と言っていましたが、ドイツ側がいろいろ計らってくれて、結局フンボルト財団の奨学金などを使ってドイツへ行くことになったんです。

池田　それは1958年ですか。僕は1960年から超高層に取り組んだのです。スタートの時期はほぼ一緒ですね。

宮脇　当時、日本は世界で一番先進国だと思っていましたが、外国では日本のことを誰も知らないんです。私はドイツ留学前の半年ほどの間、琉球大学の招聘講師として那覇の首里にいましたが、そこで横浜の話をしていると、いつの間にか神戸の話になっていて驚いたものですが、ドイツで話しているとそれが香港になってしまうんですね。がっかりするんですよ。東京銀行のハンブルク支店ができたのがその少し前ぐらいで、ドイツ留学の最初の1年半は日本人には一人も会いませんでした。ハノーバーという町に行ったとき、背が低くて色が黒いアジア系の人がいて、日本人かなと思ったらタイから来ていた人でした。そういう時代でしたね。

ガソリンスタンドにはためく万国旗の中に、日の丸はありませんでした。新聞でも日本のニュースはほとんど出ない。2年半いた間に日本に関する記事を見たのはわずか2回でした。一つは、列車が鶴見かどこかで転覆したとき。もう一回は、招かれてケンブリッジに行った帰りに、ロンドンの地下鉄から出たら、売店のおばあさんが、「あんた日本人か。この新聞を見ろ」と言うのです。見ると、一面に日本の記事が写真入りで出ていました。当時の社会党委員長の浅沼稲次郎が日比谷公会堂で暴漢に刺された写真でした。

その頃日本で車の値段は、ルノーが120万円、ダットサンが70万円くらいでした。ですから、飲まず食わずで働いたとしてもとても買えない。同じ頃、ドイツでは、研究所の若い研究員達でもカブトムシの愛称のフォルクスワーゲンを、5人に3人くらいが持っていて、調査にも自分の車で行っていました。われわれもそれに便乗したわけです。ですが、まさか日本で、私が生きている間に、自分の金で車を買い、自分で運転して調査に行くようになるなんて、夢にも思いませんでしたね。

日本では月給9000円でしたが、向こうでは給費が800マルクでした。当時1マルクが116円だったから、10万円ほどもらったわけです。とにかく金が余るので、思い出にと思って車の運転免許をとったくらいです。当時は同じ敗戦国でもドイツと日本でそのくらいの格差があったのです。

食べ物も、日本の田舎では鶏の肉など半年か1年に一回食べるくらいでしたが、向こうでは、一羽をクシ刺しにしたのがクルクル回っていて、それが確か2マルクぐらいでした。いくらでも買えるから、朝から鶏ばっかり食べていました。コーヒーも食事ごとに、また午前中の10時と午後の3時にも飲みました。だから鶏とコーヒーだけはもう一生分を飲み食いしたようなものです。体重56キロだったのが、帰国したら66キロにもなっていました。今はコーヒーを飲んだり、鶏肉を食べようとは思わないですね。

最初にチュクセン教授の自宅に招かれたときに、教授が、ブロックハウスという大きい事典を見ながら、「ヤパーナ（日本人）は、パリの国際会議で向こうの方にいたのを見たのが初めてだったけれど、こうして直に見ると、百科事典にある通りだ。モンゴル族の一亜種にして、体躯は矮小、頬骨が高く、髪と目が黒い。お前は本物のヤパーナだ」と言ったのを覚えています。ドイツ語はずいぶん勉強して行ったつもりだったのですが、教授の奥さんが私のしゃべるドイツ語が全然分からない。そうしたら教授が、「心配しなくてもいい。科学的なこと、学問的なことは、このヤパーナと俺は十分に話ができる」と言ったのです。

帰国後、独自の潜在自然植生理論を確立

宮脇　そうしてチュクセン教授の下で水田雑草群落の研究をまとめた最初の学位論文をドイツ語でようやく書き上げた頃でしたが、チュクセンが私に「リーバー・イッシよ」と話しかけてきました。イッシというのは、チュクセンが私につけたあだ名です。ドイツ語で「私」はイッヒですが、私の発音がなまってイッシに聞こえるからと、私を「イッシ」と呼ぶようになったのです。そして「雑草もいいけれど、雑草は俺のひげみたいなものだ。剃るから濃くなる。雑草は取るから生えるにすぎない。大事なことは、その土地がどのような緑、森を支えるポテンシャル＝潜在的な能力を持っているか、ということなのだ」と言ったのです。

さて、念願の学位論文をようやくまとめ終えたところで、いきなり大事なことはポテンシャルな能力だなどと言われても、当時の私は何のことかまったく分かりませんでした。

チュクセンは、私がドイツへ行く2年前の１９５６年に、「Today's potential natural vegetation（現在の潜在自然植生）」という理論を発表していました。これは、もし人間の影響を全部取り除いたら、その土地がどのような緑の自然を支える能力を持っているかという、理論的な考察です。チュクセンは私にも、その潜在自然植生の理論と具体的な判定法を徹底的に教え込もうとしました。

私はそれまでは雑草しか見ていなかったので、雑草以外はすべて自然の緑だと思っていましたが、チュクセンは現在生育している植生はほとんどが自然のものではなく、ニセモノだと言うのです。人間によって厚化粧された状態だというわけです。つまり、そこにある現存植生を見ただけでは、その土地の本来の緑の姿がどういうものであるか分からない、というのですね。

チュクセンは潜在自然植生というものについて、いろいろと教えてくれようとするんです。たとえば、シュバルツェエルデという黒い土のところにサトウダイコンが作られていて、古い生垣にヨーロッパシデがあれば、そこの潜在自然植生は、ヨーロッパミズナラ‐ヨーロッパシデ群集である。また砂地で馬鈴薯やアスパラガスしかできないようなところでシラカンバがポツンとあるところは、ヨーロッパミズナラ‐ヨーロッパシラカンバ群集である。そしてそれが、そこの潜在自然植生だというわけです。しかし私には何のことか分からない。忍術じゃないかと思ったくらいです。

そして留学して2年経った頃、横浜国立大学の学部長から、助手も文部教官だから、2年間以上席を空けると休職扱いになるので帰って来いと言ってきたのです。その電報が来た途端に一晩で帰りたくなりましてね。その話をすると、チュクセンは「3年やらなければ潜在自然植生は分からない。今の若者には二つのタイプがある。見えるものしか見ようとしない輩。そういう者たちは、コンピューターで遊ばせておけばいい。あとの半分は、見えないものを見ようと努力するタイプだ。お前は後者だ、3年間徹底的に現場で修練すれば見えるようになる」と言って、おだてられたり脅迫されたりして引き留められました。

それでも帰りたいと言ったら、最後には怒られましてね。それまで私にはたいへん優しく指導してくれた彼が、青い目で私を見つめて、「リーバー・イッシ。今、お前が帰国して、チュクセンに習ったと言われると、俺の顔がすたる。このままで日本へ帰ったらどうせすぐ壁に突き当たるだろう。もう1年ここにいろ。このままでは帰さん」と言うのです。それで、学部長と電報でいろいろとやりとりをして、3年以内にもう一度渡独させるから、という約束を取り付けて、ようやく帰してもらうことになりました。

留学して2年余りで、確かに教えてもらったことがまだよく分かっていないわけです。あのときは悩みました。帰れるとうれしい、しかしまだ何も分かっていない、と堂々巡り。しばしば日本に帰る夢を見ました。目が覚めると目の前はまだ宿舎の白壁。ああ、まだドイツだ、とがっかりしたり、喜んだりしましてね。

その頃のことです、夜中に目が覚めたときに、郷里の岡山県吹屋町大字中野（現高梁市）にある御前《おんざき》神社（現中野神社）という無人の神社の秋祭りの様子が脳裏に浮かんだのです。11月末に行なわれる年に一度の祭りです。冷蔵庫のない当時、魚など滅多に食べられなかったのですが、お祭りのときは海から50キロも運んできたハマチの刺身などご馳走がいろいろ並んで、大人も子どもも楽しみでした。深夜零時ごろまで、友だちを呼んだり、親父たちも酒を飲んだりしてにぎやかに過ごし、普段は無人の御前神社に赤白の幔幕が張られて、神楽が始まるんです。備中神楽ですね。神楽が終わるのが早朝の4時半か5時ごろ。境内に出ると、冷気に身震いしながら見上げた薄明るい空に、黒々と浮かび上がる太い枝があった。その情景を思い出した瞬間、あっ、ひょっとしたらあの木が郷里の潜在自然植生の主木じゃないか、と思ったんですね。

そんな思いを携えて、帰国してすぐに郷里へ帰って調べてみると、それはアカガシとウラジロガシでした。その後の調査研究で、これが中国地方の海抜４００メートルぐらいのところの潜在自然植生の主木だということが分かるのですが、まさにチュクセンの教えが、私の中で結実したんです。

池田　すると宮脇先生は、夢に出てきたシルエットの森にインスピレーションを得て、日本の潜在自然植生について理論構築されたわけですか。

宮脇　そうです。それまでは雑草ばかり追いかけて、雑草以外の緑、とくに森などはみんな自然のものだと思っていた、つまり本来の自然について錯覚していたわけです。ですから帰国後はまた全国を回って、今度はどんな木があるのかというところに目をつけて、何がその土地の潜在自然植生の主木群であるか、それを見極めるために徹底的に記録しながら歩き回りました。

チュクセンの言う潜在自然植生とは、人間の影響を全部ストップしたときに、そこの自然環境の総和が支える自然、緑の姿、ということです。しかし、この潜在自然植生を把握するのはなかなか難しい。なぜなら全国どこへ行ってみても、集落、田畑、雑木林から山地の森に至るまで、人間の影響を受けていない場所というのはほとんどないわけです。

私は学生に教えるときに、よくこう言うんです。本来の自然を知るというのは、厚化粧で派手な衣装の女性がいたとして、それを着物の上から触らずに、その女性の中身、本来の姿を見るような方法だと。何回も通って会っていれば、首筋とか袖口とか、立ち居振る舞いとか、チラッと見えるところから、ああこの人はどういう人かということが、本来の姿もあるいは中味も、分かるんじゃないですか。

それを私はトータルシステムで見る、と言うんですけれど、現場に行き、そこにあるすべての植物をよく調べれば、自然が発しているかすかな兆候から総合してその本質を読みとり、見究めることができるわけです。それはある意味では最初は仮説でもあるわけですが、日本全国の現地植生調査を丹念に積み重ねていって、そのデータを総合して実証的に完成させたのが、潜在自然植生の理論なんです。

植物の進化から言いますと、前にもお話ししたように、生命は4億年前に陸上に上がってきました。それが動物と植物の太い幹に分かれて、長い時間をかけてゆっくり分化消長を繰り返しながら進化してきたわけですが、植物の幹は、藻の類から、地衣類、それからコケ類が出現して、石炭石油のもとになるシダ植物類が繁茂したのが3億年前ですね。その次は裸子植物の時代です。裸子植物とは、胚珠が裸出している状態の植物で、ソテツ、イチョウ、スギ、ヒノキ、マツなどです。それがもうちょっと進化して、胚珠が外的影響によってすぐやられないように子房に包まれている被子植物の時代になるんです。被子植物は、発芽で子葉が2枚出るのが双子葉植物、アサガオやキクなどですね。1枚出るのが単子葉植物、ランやイネ科植物などです。余談ですが、日本の皇室はキクを象徴に使いますが、旧「満州国」はランを国花にしていました。

池田　それは面白いですね。植物の進化と特徴が分かっていたのでしょうか。

宮脇　そして被子植物の中でも樹木類、すなわち森の終局植生の主木群は、常緑広葉樹林ではシイ、タブ、カシ類、落葉広葉樹林ではブナ、ミズナラ、カエデ類です。

アメリカで遷移の研究を最初に行ったクレメンツは、時の経過に伴って植物群落の優占種が移り変わっていき、最終的に落ち着くところを極相＝クライマックスと言っています。

たとえば火山噴火跡地などの溶岩が風化したところに、まず地衣、コケ、一年生草本植物などが先駆植物＝パイオニアとしてまばらに生育します。これらの植物が枯死して無機物の砂に有機物が混じって、はじめてわずかに土、土壌ができます。その土に多年生草本植物、低木群落、陽生樹林が順次生育し、そして最後にはその土地の気候、土壌条件に応じた陰生の高木林が発達します。このように植物や、植物群落の姿が移り変わっていくことを植物の遷移＝サクセッションと言います。それぞれの土地で自然の遷移のプロセスに任せますと、土地本来の最終的な極相の森になるまでには150年から300年くらいの時間がかかるのですが、このクライマックス＝極相としての森、それが潜在自然植生の概念に近いわけです。

私たちが行なった研究は、植生調査した植物群落を広く比較研究して、遷移のプロセスを勘案しながら潜在自然植生の片鱗を探し出し、そこからその土地の本来の自然植生はどんなものであるかを見つけ出そうというものでした。

そうして土地本来の植生が垣間見られる結果をつなぎ合わせて全国の潜在自然植生図を作

ってみて分かったことは、東北地方の海岸沿いから関東地方以西の海抜800メートルまでの地域では、常緑広葉樹のシイ、タブ、カシ類を主木とする、いわゆる照葉樹林がその土地の自然環境の総和に見合った本来の森の姿であるということだったのです。

池田　それは大変な集計作業だったんでしょうね。

照葉樹林の「三種の神器」はシイ、タブ、カシだった

宮脇　潜在自然植生に基づいた土地本来の森というのは、高木、亜高木、低木、下草など含めて全体が一つの植物社会を形成しています。そのような森にはそれぞれの土地に応じた典型的な樹木群があり、それを私は森の三役五役と言っています。

まず、森の主役は高木です。関東以西の海抜800メートルまでの照葉樹林域であれば、シイ、タブ、カシ類といった高木が主木であり、これが三役です。

海岸沿いの地域ではタブノキがよく見られますね。その好例として、東京の浜離宮、芝離宮のタブノキがあげられます。今から250年前に植えられて、江戸の火事にも関東大震災にも、第二次世界大戦の激しい空襲にも耐えて生き残って、今でもしっかりと育っており、これからも堤防を越えて襲う大津波にも、深根性で容易に倒れずに、波砕効果を十分発揮

し、被害を最小限に抑え、市民の命を守る機能を確実に果たしてくれると確信しています。

池田　タブノキは樹齢400年といわれるような素晴らしいのがありますね。

宮脇　はい、もっと長生きと言われているものもありますね。タブノキは、本州日本海側沿岸では、山形県酒田市や遊佐町、秋田県南部までが自然の生育域です。太平洋側沿岸では岩手県釜石の北にタブノキ荘という国民宿舎がありましたけれど、そこまでの海岸線沿いは、タブノキ林が潜在自然植生です。

芝白金の自然教育園には立派なシイノキがあります。シイにはスダジイとコジイがありますが、関東地方では自生するのはスダジイだけですから、シイでもよいでしょう。このスダジイは、今から230年ぐらい前、高松藩の江戸屋敷だったところにマウンドを築いて植えられたものですが、やはり火事にも地震にも、戦争末期の焼夷弾の弾幕にも耐えて、今、国の天然記念物になっています。シイノキはタブノキよりもう少し南、新潟県村上市の北あたりまでが生育域です。

カシはシラカシ、アラカシ、ウラジロガシ、ツクバネガシ、中部以西にはイチイガシ、沖縄にはオキナワウラジロガシ、奄美にはアマミアラカシがありますね。九州は照葉樹林の原点なんです。だから天孫降臨の神話と、照葉樹林文化の原点である九州とはうまく一致するんですね。

これらのシイ、タブ、カシ類が、日本の照葉樹林のいわば「三種の神器」で、何千年にもわたって台風、地震、それに伴う大火、大津波も克服して日本の国土と国民のいのちを守ってきたのです。

それらの高木の下にはモチノキ、ヤブツバキ、シロダモなどの亜高木があって、高木の三役を囲んでいる五役、十役です。さらにその間にはヒサカキ、ヤツデ、アオキなどの低木が自生しており、林床にはベニシダ、イタチシダ、ヤブコウジなどが生育して、垂直的に緑の壁を形成しています。森の番兵にあたるのが、林縁を取り巻いているクズ、サルトリイバラ、ウツギ類などで、マント群落とかソデ群落と呼ばれ、森を守っています。光や風が林内に急に入ると林床が乾いて森がダメになるから、長い進化の歴史を経て、自然の森はこのように立体的にも水平的にも多層構造になってきたわけです。

林学博士の本多静六さんが、植物帯論ということを言われています。関東以西では海岸から内陸側の海抜800メートルまでは常緑広葉樹帯、シイ、タブ、カシ類ですね。それ以上1600メートルまでが落葉広葉樹帯、ミズナラ、ブナ等です。さらに2600メートルまではシラビソ、オオシラビソ、トウヒなどの亜高山針葉樹林帯。北海道ではエゾマツ、トドマツ、アカエゾマツなど北方針葉樹林帯の部分的南限と言えます。そしてその上はいわゆる高山帯のハイマツ帯と、垂直的にみると帯状に樹林域が形成されているわけです。

ところが全国を回ってみますと、どこへ行っても低地までとにかく針葉樹が多い。花粉分析で見ても明らかです。しかし現在は、自然状態では海抜１６００メートル以下のところであれば、マツやスギ、ヒノキなど裸子植物である針葉樹は被子植物の広葉樹に押されて、尾根筋や急斜面、岩場などに部分的に自生していたにすぎません。ましてや条件のよい低地、丘陵、山地中下部などでは、まれにレリクト＝遺存種として残っていることがある、という程度だったはずなんですね。

しかし、そういう針葉樹は建築材として適していたので、どんどん伐って、足りなくなった。針葉樹は金になるというので、それを人工的に植えていったわけです。もう室町時代から植えた歴史があります。高野山では８００年も前に植えていますね。明治時代、大正時代にはいわゆる官行造林として広く植えられました。さらに戦後は国家政策として大規模に広葉樹林を伐採してまで、土地に合わない針葉樹を日本中に植えていますから、どこへ行っても針葉樹ばかりということになっているわけです。

その結果として、森の秩序が乱されていますから、管理をし続けないと荒れてしまう、さらには森の保水力の低下や、針葉樹は根が弱いこともあって表土流失などの問題も起きてきているわけです。

池田　本来は照葉樹林域であっても、そこにシイ、タブ、カシ類ではない、ニセモノの森が人間によって作られているんですね。

宮脇 そうです。どこへ行っても、人間の手が入っている。人間の影響を受けていないところなんてほとんどない。どこもかしこも人間活動によって置き換えられたもの、作られた森ばかりなんです。

今、日本人の92・8%が住んでいるのは、照葉樹林域という常緑広葉樹のシイ、タブ、カシ類が主木の地域です。われわれは60年間も調べているけれど、今では土地本来の照葉樹林はわずか0・06%しか残っていない。あとはみんな土地本来の森からかけ離れている、極端に言わせていただければニセモノなんですよ。ニセモノも分かって使えばいいけれども、本物のつもりで植えると深刻な問題になりかねない。

客員樹種と呼ばれる土地に合わない木である針葉樹や早生の外来種を単植した造林地では、いろいろな林縁植物や周りの草原性のススキ、ネザサなどが一斉に森の中に入ってきて、荒れて藪になりやすいのです。そうならないようにするためには、枝打ち、下草刈りなどの管理を続けてしなければならないことになります。このような管理が必要になるのは、エコロジカルには、いわゆるニセモノを植えているからです。

池田 自然の遷移のプロセスにも沿っていないんですね。

宮脇 本来の森のシステム、潜在自然植生が顕在化した多層群落の樹林であれば、背の高い樹木群の周りは林縁群落として低木類や、ツルやトゲがある植物などのマント群落、ソデ群落がとり囲んでいて、陽生の帰化植物やススキ、ネザサなど草原生の他の植物は入ってきにくいのです。人もなかなか入りにくいけれども、林内に入ってしまえば高木、亜高木、低木が垂直的に空間を利用して生育しており、中は自由に歩けるのです。それが土地本来の森のシステム、本来の森の姿なのです。

農村や都市周辺に見られる里山と言われるような雑木林は、薪炭林として定期的な伐採、下草刈りを必要とする、本来はもう少し北の方や山地に自生していたクヌギ、コナラ、エゴノキなどの落葉広葉樹が多くて、照葉樹林域では遷移の途中相ですから、放っておけば森の中にいろいろな植物が入ってきます。ですから毎年のように下草刈りなどの管理をして、森としての状態を維持し続けなければもたない。そして15年から20年ごとに伐採して、再生萌芽させることによって薪炭林としての機能を維持してきたわけです。雑木林というのはこのような人為的な行為によって管理されてきた二次林です。

薪炭林としての役目がなくなった雑木林を管理しないで放置しておくと、たちまち藪状になります。また近年、中部地方以西で顕著にみられ、各地で問題になっているように、モウソウチクが入り込んで繁茂するような結果になる。

モウソウチクは帰化植物ですね。およそ200年前に島津藩が中国からもってきたものです。はじめは、タケノコがおいしいからといって隠していたらしいですが、隠密などによって全国に広がっていきました。関東地方に入ったのは列車が通るようになってからだろうと言われています。九州で調査や講演をすると、モウソウチクが生えて困る、どうしたらいいかとよく相談されます。あれは切れば切るほど出てきますからね。

しかし、本来の潜在自然植生にかなった、高木、亜高木、低木、林縁群落のシステムがしっかりしていたら、やっかいな外来種は入って来られません。そういう本来の森を伐ったり焼いたりして、いわば中途半端な雑木林や草っぱらにして、しかもそれを放置していると、どんどん外来種や陽生の帰化植物や林縁生のクズ、草原生のネザサなど人間にとっては余計なものが生えてくるわけです。外来種のモウソウチクが繁茂してくるのは土地本来の森を破壊したからです。

したがって、たとえ都市の中の幅1メートルくらいのスペースでも、まず高木、亜高木という将来大きくなるその土地の潜在自然植生の主木群の幼木を植えて、その周りに一列でもいいから低木類を植えておけば、生長と共に立体的な見事な樹林帯になるのです。林縁のマント群落という低木や下草の部分には、花の咲くもの、実のなるものや紅葉するものなど、季節を楽しめる花木を選んで混ぜて植えればいいのです。実のなる木は種子が野鳥に運ばれますから、自然に生えてくるかもしれません。カンツバキ、サザンカ、クチナシ、ジンチョウゲなどを混ぜて植えておけば、市民は目の高さで見ますから、いつも花を楽しめるし、このスペースは何よりも市民のいのちを守る立体的な防災・環境保全林として有効です。いざというときは逃げ場所、逃げ道になるし、台風、地震、火事でも防壁になります。津波のときにも波砕効果の高い緩衝壁になります。

２００４年にタイのプーケットで大地震に伴う津波による大きな災害がありました。日本人の観光客も亡くなりましたね。あの辺はわれわれが１９７０年代に調べたところですが、ちょっと湿ったところはマングローブ、砂浜にはヤシ類、ちょっと高いところにはフタバガキ科のラワンの類の森があったわけです。その間に砂浜がありました。ここを保養地にするときに、森を残しておけばよかったのに、全部伐ってしまって、人工的に砂を持ってきて敷いた上に、それこそ簡単な建物を建てたのです。それで津波がきたときにさえぎるものがないために陸地の奥の方まで一気に高波が押し寄せて、甚大な被害になってしまった。大きな木は残して、その間に少し遠慮しながら、人工砂浜や建物を作っていればよかったのに、木を全部皆殺しにして、地形まで変えてしまったからダメになったんですね。土地本来の木があれば、津波に対して波砕効果といって、波を砕いて勢いを弱める効果が高い。それによって波の速度は落ちますから、逃げたり対応したりしやすくなるわけですね。

池田　それは建築をやる人間もよく分かっていかないといけませんね。

宮脇　ぜひ海岸沿いの森を残し、積極的に幅10〜30メートル前後のタブノキなど潜在自然植生の主木群によるいのちを守る森をつくっていただきたい。また、街の中でも、火事の場合には生木が火の勢いを弱めますから、一時的な逃げ場所や逃げ道になる。火防木《ひぶせぎ》とも言われるシイ、タブ、カシ類などが大事なんです。山形県酒田市で三十数年前の大火事で１７００戸が焼けたときでも、本間家という古い家に大きなタブノキが２本あって、そこで火が止まっているのです。私たちも３年間酒田市に通って周辺の潜在自然植生を調べて、タブノキはいいということを確かめた上で、「タブノキ１本、消防車１台」という掛け声のもと、街の小学校や下水処理場にタブノキを主にして、常緑広葉樹のヤブツバキ、シロダモなどのポット苗を植えたんです。残念ながらその後、邪魔になるというのでほとんど伐られてしまいましたが、現在は下水処理場の周りだけ残っています。酒田市はタブノキの北限に近いわけですけれど、15年経って今では高さ10メートルの緑の壁ができていますからね。やればできるわけですから、そういういのちの森をつくっていただきたいと思いますね。

植物分類や地理をやっていらっしゃる方の中には、ここはブナ帯だから、常緑のカシを植えるなんておかしいじゃないかと言う方もいますが、たとえば信州のブナ林の中などでも、今ではシラカシやアカガシ、あるいはウラジロガシの芽が出て大きくなっているんです。だから、森づくりは未来志向で、明日のために、今、どういう木を植えるかということが大事です。ただ過去の状態に戻すというのではなく、これから未来に対してどのように自然環境のシステムに沿った立体的な緑にしていくか。それを理論的に考察しながら、具体的に実現しようと頑張っています。国民の一人ひとりがそれぞれの地域で、我がふるさとにあった木を植えて本来の森をつくる、それがすべての市民のいのちと心と遺伝子を守るふるさとの森づくりです。この運動を全国に、そして世界中に広めていきたいと思っているのです。

照葉樹林帯は半月状に東南アジアからヒマラヤの中腹まで続く

池田　日本以外には、豊かな照葉樹林はないのですか。

宮脇　照葉樹林帯は、日本が北限になっていますが、南から西の方へ広がっていて、台湾、揚子江の南の雲南省、それからベトナム、タイ、さらにヒマラヤの中腹まで、半月状、三日月状に続いています。世界的に見ても照葉樹林がこれだけまとまってあるのはアジアのこの区域だけで、貴重な樹林帯です。

池田　南の国々にはいろいろな森があるのだろうと思っていたのですが、照葉樹林というのは東アジアのかなり広い地域に特徴的な姿なんですね。世界中でこの照葉樹林の大切さをきっちりと押さえていた人はいなかったのですか。

宮脇　照葉樹林というのは英語でローレルフォレストと言いますが、もともとはスイスの植物学者リューベルがアフリカ北西沿岸近くの大西洋上に浮かぶカナリー諸島の森林をそう名付けました。私も植生調査に行きましたが、東アジアと同じような一年中高温多湿の気候が常緑の高木による照葉樹林を育てているのです。

地中海地方など雨が少ないところでは、同じ常緑樹でもいわゆる硬葉樹といわれる葉が小さくて固く、毛があって蒸散を防ぐようになっている木々が育っています。コルクガシやオリーブなどですね。それらと対比させたわけです。

日本ではタブノキについて、民俗学者の宮本常一さんと並んで名前を知られている折口信夫さんが触れています。折口さんは『古代研究』という3巻物の名著を遺しておられますが、第二次大戦直後の、モノがまだ十分になかった時期の出版にもかかわらず、本の裏表紙に能登のタブノキの大きな白黒写真を載せているんです。慶応大学におられた池田弥三郎さんがその写真を見て、私を訪ねてこられて、三田キャンパスにタブノキの苗木を植えたこともありました。そのほか、川喜田二郎、梅棹忠夫、佐々木高明さんたちによって照葉樹林帯の文化人類学的、人類史的な研究が行なわれています。

池田　この照葉樹林について、アジア諸国ではどのように受け止められているのですか。

宮脇　実は昨年（２０１０年）12月に10日間ほど、その照葉樹林の原点とも言われる昆明を中心とした雲南省の植生調査に行ってきました。私たちは１９７０年代から中国各地で植生調査をしてきましたが、主に東シナ海沿いの都市域や北の内モンゴルの半砂漠地帯などが中心でした。またシルクロードの北路に沿う天山山脈やウルムチ周辺まで踏査したことがありましたが、世界的にも照葉樹林の中心と言われる雲南省に行く機会がなかなか訪れず、意外に思われるかもしれませんが、今回が初めての現地植生調査でした。かつてドイツに留学していた頃、昆明大学の教授が書かれた植物社会学についての論文で雲南省の照葉樹林について読んでいたので、日本よりもはるかに広大な照葉樹林の中心であるから、今でもたくさん森が残っているだろうと期待をもち、たいへん興奮した気持ちをいだいて出かけたんです。

　ところが、降り立った昆明の飛行場は新しく広大で、街は日本の横浜や大阪に負けないほど開発が進んでおり、高層建築が立ち並び、さらに琵琶湖の３倍もあろうかという広大な滇《シン》湖を取り巻いて二重三重に高速道路網が整備されていました。とにかく、たいへんに大都市化していることにびっくりしました。郊外には森が残されているかもしれないと思い、案内していただきましたが、森が見えません。また実際に現地植生調査をしても、照葉樹林はまったくと言っていいほど失われているのです。都市の様々なハードな施設のまわりの丘や山地の木はほとんど伐採されており、山の斜面は輪切り状に切られて、そこにゴムノキが画一的に植えられている。また下のほうには一部アブラヤシが植えられていました。

現地植生調査には雲南省の植物に一番詳しい、中国科学アカデミーのペイ（裴盛基）教授に同行していただいたのですが、やはりそのような自然に近い森はまったくと言っていいほど残っていないということでした。やっと昆明市の南部の丘陵地で、寺院の境内を主とした金殿公園の斜面林の中にタブノキ、マテバシイ、コジイの類の単木や小樹林を見出し、土地本来の森、すなわち潜在自然植生は照葉樹林であることが分かりました。

この昆明から飛行機で南西に30分くらいの、ミャンマー、ラオスの国境に近いタイ族自治州のシーサンパンナでは、川沿いの斜面などの自然保護地域に熱帯雨林のフタバガキ科の大木と共に、タブ、シイなどの森が少し残されています。いずれにしても、日本の面積より広い40万平方キロメートル以上にも及ぶ雲南省のこの地域は、照葉樹林の中心と言われていますが、現在ではまったくと言っていいほど森が失われているのです。そこからさらに半月状に続く、ラオス、ミャンマー、インド北部のヒマラヤ山地の南斜面地域も、部分的に単木や小さな樹林は残っていますが、土地本来の照葉樹林はほとんど失われています。

しかし、中尾佐助、佐々木高明教授らが「照葉樹林文化」と定義した独特の自然と調和した生活様式は、農村部にはまだ残っているように感じました。集落はかつての日本の農村に近いような景観で、田植えをし、麦やコンニャクを作り、しょうゆもみそも豆腐も形は違いますが作られていて、食べ物も非常によく似ている。やはり照葉樹林文化の原点が感じられました。しかし肝心の照葉樹林はほとんど残っていない。このままでは、かつての照葉樹林文化の歴史はどんどん失われていくでしょうね。

振り返って日本を見ると、照葉樹林帯の北限に位置する日本列島では、照葉樹林文化を基本とする日常生活様式、食事の内容、形態や木造建築など、山間農村部では伝統的な生活文化を大切に継承していますし、至る所がセメント化されているとはいえ、まだ各地に鎮守の森などが残されているのです。実際に照葉樹林の姿を残す貴重な場所として、この鎮守の森は日本が世界に誇る宝物のようなものです。これをお手本に、今こそ私たちの生存の、そして文化の基盤として、ふるさとの背骨の森として、シイ、タブ、カシ類を中心とした照葉樹林を残し、守り、つくっていかなければならない。そして、より豊かな知性、感性を育み、連綿と続いてきた一人ひとりの日本人の遺伝子を守っていかなければならないという思いをさらに強くしました。

池田　照葉樹林というのは日本が誇れる植物、森の姿なんですね。しかも日本には典型的な森がまだ残されているということですから、これは大いに宣伝しないといけない。世界の思潮の源流になる発想として、日本を代表する照葉樹林文化を大事にして、見直さないといけませんね。

あなたが生き延びるため、今すぐ本物のふるさとの森づくりを

ふるさとの森づくり事業の第1号、新日鐵大分工場の植樹指導

宮脇　私は1970年に、新日本製鐵大分製鉄所で初めて植樹事業をやりました。1960年の年末に帰国してからドイツで学んだ潜在自然植生の理論に基づく、本物の森づくりについて、いろいろなところで話したり訴えたりしていましたが、当時は誰にも相手にされませんでした。ドイツで学んだというけれど、ドイツと日本は違うだろうというわけです。しかしそのおかげで、10年間、黙々と日本国中を歩いてあらゆる植生を調査し、『日本植生誌』（全10巻）という形で、地球規模で比較可能な植物群落システムをまとめ上げるための基礎データ、すなわち各地、各群落の植生調査資料を十分に得ることができたわけです。

そして60年代の終わり頃でしたが、当時中山素平さんや木川田一隆さんがいた経済同友会から「一度、話をしてほしい」と依頼があったのです。中山さんは自然保護協会の顧問のようなことをされていて、そういう関係からか、私の話に興味を持ってくださったのかもしれ

ませんが、とにかく生まれて初めて経済界の皆さんを相手に植物社会の掟と、いのちを守る防災・環境保全林創造の緊急性について講演をしたのです。そのときに、中山さんたちから「宮脇さんの話は大事だから、若手にも話してもらいたい」と言われ、一週間後に主な企業の部課長級を対象にもう一度講演することになりました。それを聞きに来た人たちの中に、新日鐵のできたばかりの環境管理室室長をしていた式村健さんという、東大法学部を出た方がいて、植樹事業の指導をしてほしいと言ってきました。当時、新日鐵などの大企業は「公害の元凶」などと言われていました。そんな大企業と新制大学の助教授が手を結んだりしたら、批判を受け、下手をするとクビが飛ぶような時代でした。私は、「式村さん、あなたが職をかけてやるというなら、私も泥をかぶってでも協力しましょう」と応えたのです。

「私は10年来唱えてきた本物のふるさとの森づくりを、皆さんと一緒に、私の命をかけてやる。それは日本人がおよそ4000年前からふるさとの鎮守の森や屋敷林を守り育ててきたノウハウと、いのちと環境の総合科学、エコロジーの理論を総合して行なう森づくりだ。大分製鉄所のような海岸埋め立て立地で潮水のかかるようなところでは、何千万円かけても植樹はうまくいかないと言われているけれども、土壌条件を整えて、その土地に合う、またはそこで我慢して育つことができる樹種群を選定して、根群の充満した幼苗に育て、自然の森の掟に沿って混植、密植すれば、必ず森はできる。工場の敷地の近くにある宇佐神宮や柞原《ゆすはら》八幡宮には立派な鎮守の森があるが、この森はこの土地本来の森であり、この森の主役の樹種群を植えれば、たとえ埋め立て地であっても森ができる」と一生懸命に説明しました。

ただし、やるからには本気でやってほしいと、私は二つ条件を出しました。エコロジカルな脚本に基づいてつくった本物の森が、もし工場が原因となる大気汚染などで枯れるようなことがあれば、ただちに溶鉱炉の火を消してほしい。それが第一の条件でした。担当者たちは、「ウーン」と言って顔を見合わせていました。溶鉱炉の火を消したら、製鉄所は成り立ちませんからね。これには反対する人が多かったはずですが、社内の合意を取り付け、当時十数億円かけてフィルターを買って排気ガス対策をして、イオウ酸化物などの排出量を抑えたのです。この対策はその後、全工場で行なわれました。そして世界でも最先端の公害対策技術となるわけです。二つ目の条件は、工場敷地での森づくりは、大分だけではなく、鳥栖や八幡でも、さらに九州だけでなく光、広畑、堺、それから君津、釜石、室蘭、すなわち新日鐵のすべての製鉄所でやること。この二つの条件がOKなら、私も研究者として命をかけてやると言いました。私はどうせだめだろうと思いながら待っていたら、永野会頭や稲山社長とどのように相談したのか分かりませんが、3日後に結論を出してきました。「先生、指導してください。やりましょう」ということでした。

池田　ほう、それは素晴らしい決断でしたね。

宮脇　そうして森づくり事業はスタートしました。まず宇佐神宮のドングリを頂いてきてポット苗を作りました。この土地の鎮守の森を構成している主木のイチイガシ、アラカシ、スダジイ、タブノキなどの種子、いわゆるドングリです。木の育ちが悪いのは、広域には気候の影響が考えられますが、現場では土の問題です。植樹予定地は海を埋め立てたところで、砂地の下から塩がにじみ出るような状態で、何を植えてもすぐ枯れていました。そこで近くの明野住宅団地の建設現場から工事で余っていた土を運び入れてマウンドを築き、土壌条件を整えました。そこにポット苗を植えて、森づくりは見事に成功したのです。

池田　いやあ、それはすごいですね。

宮脇　今、国内海外で１７００カ所、４０００万本以上を、先見性を持った企業、行政、最近ではＮＰＯも含めた市民の皆さんと共に植えていますが、これが最初の植樹事業でした。何事も、一番手が重要ですが、やはり最初は大変です。それを約束通りちゃんとやりきってくれた新日鐵の彼らもたいしたものです。

泥だらけになって現場を共に調べた最初の日、夕食の後に小さなクラブに連れて行かれたときに、今でも忘れられないやりとりがありました。その頃、別府は青い灯、赤い灯がともって、怪しげなショーなどもやっていましたが、大分はまだ薄暗い町でした。そのクラブの席で「この人と信じて裏切られたことがない」と言う私に、まわりの女の子が、「私たちは信じてはいつも裏切られる」と言うのです。そうしたら私を案内してくれた式村さんが、「君たちは相手を見る目がないからだ」と言ったのです。それまでは、新日鐵側は公害のことで頭がいっぱい、こちらは森のことしかやっていないのですから、当然と言えば当然ですが、うち解けてはいなかった。共に疑心暗鬼の状態だったわけです。それが一緒に汗を流し、泥だらけになってやっているうちに、感性的、本能的に相手の気持ちが分かってきたのですね。

この新日鐵大分で成果が出始めた頃、70年代の始め頃から、池田先生の場合と同じように、公害問題や自然保護への関心が高まる中で各企業は困って、さしあたり木でも植えておけばいいと考えていたような人たちが次々に、100人くらい私の研究室に来ましてね。私は普通のことを言っているつもりなのですが、彼らは相当バッシングされたように思うらしくて、大半はそれっきりになりました。そうした中でも、「アイツが言うことは腹が立つが、あるいは本当ではないか」といって取り上げてくれたのが、三井不動産の本社で話した江戸英雄さんです。野鳥に造詣のある方でしたが、広島の美鈴が丘をはじめ、川崎市の新百合丘、横須賀の久里浜などで彼の肝いりで植樹をやりました。

池田　そうして実行してくださる方が大切ですね。

宮脇　その後、三菱商事、イオン、本田、トヨタ、JR北海道、JR東日本、豊田合成、横浜ゴム、山田養蜂、東京電力、関西電力、九州電力などトップ企業から、先見性をもった各企業、地方公共団体、一部省庁、ＮＰＯなどの皆さんと共に木を植えて、今日まであっという間の40年でした。しかし１７００回以上の内外での植樹祭はすべて鮮明に覚えています。昨年（２０１０年）９月23日には、横浜国立大学、毎日新聞などが共催で、「いのちの森づくり40年」と題するシンポジウムを横浜で開いてくれました。雨の中、４５０人もの人が日本中から参加し、日本の森に関心を持っておられる俳優の菅原文太さん、梅沢富美男さんも駆けつけてくださって感激しました。

誰にも参加できる、ふるさとの森づくり

宮脇　私は80歳を過ぎた今でも、日本国内だけでなく、海外でも、森づくりについての講演や調査を頼まれたら、時間が許す限りどこへでも出かけていくんです。そこでお話しするのは、小手先のことをするのではなく、自ずから再生産可能な生きた緑の構築材料を使いきって、本物の森づくりを具体的にやりましょう、ということです。

池田　具体的には、どのように指導されるのですか。

宮脇　森づくりの方法は難しくありません。まず、その土地本来の森を形成する樹種、すなわち潜在自然植生の主木群を選定すること。生物社会はトップによって決まります。それ

を見極め、選定するのが私の専門です。その種子、いわゆるドングリを拾ってきて、30時間くらい水に浸して、中に入っている虫を窒息させます。それを300グラムくらいの腐葉土を入れた小さなビニールポットで苗に育てることから始めます。根群の充満したポット苗ができたら、苗木が成長しやすいように土壌条件を整えて植樹の準備をします。日本のように雨の多いところでは水はけをよくし、土の中の根が呼吸できるようにほっこりしたマウンドをしつらえることが準備段階です。そして、植生生態学の理論と現地調査結果に基づいた脚本にしたがって、その土地の森の最終形態となる主木群を中心に、主木を守る亜高木、低木類など、その森を構成するできるだけ多くの樹種を混ぜて、密に植えます。そして周囲に花の咲く低木や蔓植物などでマント群落と呼ばれる林縁群落をつくります。

自然の森の法則に沿ったこの方法で植樹を行なえば、最初の2、3年は雑草をとって養生してやることが必要ですが、それを過ぎれば主木となる常緑広葉樹は直根を土中に深く伸ばして地上部も確実に生育します。そしてそれぞれの植物が相互に競い合い、支え合いながら立体的な多層群落の森を形作っていきます。3〜5年たてば、もう人手をかけて管理をしなくても、その土地の環境に応じて、年と共に確実に自然の森に近い立体的な防災・環境保全林として生長していきます。街や工場、道路の周りや沿岸沿いでも、持続的に多様な機能を果たす土地本来の森、いのちを守る防災・環境保全林に育っていきます。

植樹するときは高さ30センチくらいの小さな苗が、十数年もすれば10メートル前後の成木に育ち、仮に1本の木のドライウエイト＝乾燥重量が2トンになれば、その50パーセントにあたる1トンはカーボン、炭素なんです。光合成によってそれだけのカーボンを大気中から吸収・固定します。

池田 それは具体的で分かりやすい。

宮脇 そんなことを一人二人がやっても大した力にならないと、ロビーサイエンティストといわれる人たちは言うかもしれません。しかし、彼らは現場に出ないで、限られた時間と空間の測定値をコンピューターで計算して、いろいろ予測しますけれど、これがまだ確実に当たった例があまりないんです。

私は、1991年からいわゆるミヤワキ方式のエコロジカルな森づくりをボルネオ、アマゾンなどで続けている、三菱商事の元副社長、現日本銀行政策審議委員の亀崎英敏さんや、植樹活動20年あまりを経て20メートル以上の土地本来の熱帯林再生の成果をあげて、さらにブラジル、インドネシアまで意欲的にいのちの森づくりを地球規模で進めてくださっている鍋島英幸副社長に、世界的な商社や銀行は世界中から情報を集めて朝から晩まで金の計算ばっかりやっているのだから、ドルやユーロの上がり下がりなど当然予測できるでしょうと言ったのですが、両元、現副社長とも笑いながら「それが分かれば苦労しないんです」と言っていました。最高のコンピューターを駆使しても、人為的な操作だから当然、ときには株の売買に失敗して大損したりするわけです。それが人間社会の現実ですね。しかし、いのちの森づくりは、正攻法で取り組めば、必ず成功します。

まさに私たちは、点からローカル、ローカルからグローバルに広がる広大な地球空間と40億年続いてきたいのちの歴史の時間との接点にいるわけですから、その膨大なものの中のごく一部をとりあげて、それを九牛の一毛以上に見て、それでいろいろ予測してみてもなかなか確実に当てるのは難しいでしょう。もちろん地球環境の将来を予測することは大事ですが、人類の未来について都合良く確実に予測するということは、当分無理でしょう。

では、どうしたらいいのか。それは、やはり現場に立ち返ることです。自然を守る、残すなんて粋なことを言うだけでなく、われわれ人間も自然の一員ですから、自ずから再生可能な自然の力を信じて、現場へ出て、本物のいのちの森をつくることです。これを私は、声を大にして、具体的に諸難を排除してやりきっていただける企業、行政、社会のトップ陣の皆さんに提案し、お願いしています。

企業の社長の方などがよく「社会貢献として、CSR（企業の社会的責任）として、木を植えます」と言われるのですが、私は「それだけではありません。あなた自身が自然の一員であり、生態系＝エコシステムの中で、どんなに地団駄踏んでも森の恩恵を受ける寄生虫のような立場でしか生きていけないのですから、木を植えるのは、あなたが生き延びるためであり、あなたの愛する人が、家族が、あなたの会社が生き延びるためです。たとえ会社の景気が多少どうであろうと、本物のいのちの森をつくってください」とお願いしているのです。

環境の危機と大騒ぎしていても、みな自分は生き延びると思っているんですね。しかし生物は死んだら生き返らない。非生物材料で作った器具などは再生できるものもあるかもしれないけれど。今の人たちは生きもののいのちの尊さ、はかなさ、厳しさが分かっていないんです。最近の日本の社会を見ていると、そう思いますね。

池田　確かにそうですね。

宮脇　日本では、金がない、思うようにならないということで自殺する人が毎年3万人もいて、それが10年以上も続いている。あるいは子どもにちょっと問題がある、言うことを聞かないなどといって、親がわが子を虐待したり殺したりしている。いったいどういうことかと。経済も大事ですが、モノと金とエネルギーだけでうまくいくと思ったら大間違いです。まさに、いのちの尊さ、はかなさ、厳しさ、生きていることのかけがえのない素晴らしさ、幸福ということが分かっていないということです。これを多くの人たちに、現場で大地に手を接し、汗を流して木を植えながら分かって欲しい。本能に響くまで全身、全霊に刷り込んで欲しいのです。

池田　同感ですね。

国有林でもふるさとの森づくりを推進しはじめた

池田　もともと、林野庁などの役所の森林管理の方針は経済的な視点が強くて、宮脇先生の森づくりには目を向けてこなかったとお聞きしていますが、最近様子が変わってきたそうですね。

宮脇　昨年（2010年）の2月に、頼まれて鳩山塾で講演をし、120人ぐらいの塾生の皆さんを前に話したのですが、塾長をしておられ、最後まで私の話を大変熱心に聞いてくださっていた鳩山さんのお姉さんが、「これはぜひ、由起夫（当時の首相）に教えてやりたい」と言われ、後日改めて官邸筋から招かれました。俳優の菅原文太さんらが一緒に招かれていましたが、菅原さんは「私は宮脇先生のサポーターで来ているのだから、私の時間は全部、宮脇先生が話してください」と言ってくれました。何人かの出席者が順番に10分か15分ずつ話したのですが、私は菅原さんの分を入れて20分くらい話しました。

池田　いい反応はあったんですか。

宮脇　国有林に作業用の林道をもう少しきめ細かく付ける必要があるというような具体的

な提言をした人もいましたが、私は主として、人類の文明は常緑広葉樹帯で出現し、発展してきたという歴史的事実について話しました。

たとえば地中海地方は雨が少ないので、土地本来の森はコルクガシのような葉が小さくて硬い常緑硬葉樹林が中心なのですが、メソポタミア、エジプト、ギリシアの各文明やローマ帝国は、みんなそれらの常緑硬葉樹林を伐採して都市を築き、文明を発達させました。しかし森を全部破壊し尽くしたときに、文明は滅び、都市は劣化しました。今や廃墟を売り物にしているところも多いのです。インペリアル・ローマを作った誇り高きローマ人たちは、当時は北方のゲルマン、スラブ、アラブ系の人たちを野蛮人のように言っていました。しかし、次の文明はその北方のヨーロッパナラ帯、日本でいえば北海道や本州の海抜８００ないし９００メートルから１６００メートルの間のミズナラなどの落葉広葉樹林域に移って行ったのです。ロンドン、パリ、デュッセルドルフ、ベルリン、フランクフルトなど現在の文明の中心地はその落葉広葉樹林帯にあります。そして彼らの一部は、大西洋を渡ってアメリカ大陸に渡り、東海岸側のやはり落葉広葉樹林帯であるアメリカナラ帯地域に、ニューヨーク、ワシントン、フィラデルフィア、ボストンなどの大都市を作っているのです。

今世界で照葉樹林帯域に大都市があり、大部分の国民がその帯域に定住し、生き延びているのは日本だけです。しかし、その日本民族の母体である土地本来の照葉樹林は、わずかに

0・06パーセントしか残っていません。それで、国家政策として、ぜひ関東以西では照葉樹林を、また東北山地や北海道ではミズナラなどの落葉・夏緑広葉樹林を、再生していただきたいと申し上げたのです。

鳩山首相は、それは大事だ、国民運動として1億の国民が1年に1本植えれば1億本、3年やれば、3億本だと言われました。同席していた、当時の赤松農林水産大臣も島田林野庁長官も、これは大変だが重要なことだから、やらなければならないと言ってくれました。

戦後林野庁は、スギ、ヒノキ、カラマツなどの針葉樹を国策として国有林に植えてきましたが、私はこの林野行政に対して、人為活動に敏感な急斜面、水際などには是非その土地本来の広葉樹も植えていただきたいと言ってきたために、林学や造園関係の方々からしばしば「天敵」呼ばわりされていたと伝え聞いていました。私は決して批判したのではなく、提言してきたわけですが。その林野庁が最近、やっと宮脇の理論を理解してくれて、一緒に森づくりをやる方向性になっているのです。私は、自分が生きている間はおそらく無理だろうと思っていましたが、時代の変化ですね。これまでの針葉樹モノカルチャー一辺倒のやり方では行き詰まっているのです。

池田 実際に理解を示し始めているのはどういう人たちですか。

宮脇 それは先見性を持った林野庁長官はじめ、各森林管理局の部、課長の皆さんです。

官邸では20分くらい話したあと、首相や林野庁長官とやり取りがありましたが、私は鳩山さんに言ったのです。国政にいろいろと懸案があってご苦労でしょうけれど、多くは瞬間的なことです。しかし本当に日本の国土を守り、日本人のいのち、文化、そして遺伝子を未来に向かって守るためには、その土地本来の森である照葉樹林を、あるいは山地や北海道では夏緑広葉樹林を、増やしていかなければいけない。首相がゴーと言って、農林水産大臣が林野庁に指示をすれば、全国に森林管理署があるわけですから、その人たちが動きます。そこでほんのわずかずつでも新しいエコロジーのノウハウを取り入れて、国有林内だけにこだわらず、国土全体にいのちの森をつくっていただきたい、と申し上げたのです。首相は「そうですね。これは国民運動としていいですね」とおっしゃいました。そこですかさず私は「首相がゴーと言えばできるのですから」と後押しをしたのですが、取り巻きの副大臣らは「いきなりそう言われても、いろいろとまだ仕掛けもありますし、相手もあることですから」などといろいろ言っていました。

帰りの車の中で、島田長官が、「先生、今日はあまりはっきり言われたので、これから上の方からいろいろ言ってきて大変なことになりそうですよ」と言っていましたが、鳩山さんはやる気だったんですよ。こういう試みは、やれるところからやらなければできないのです。すべての手順を尽くしていたら、10年かかってもできないですよ。その間には、もう総理大臣が3人も4、5人も替わることになるかもしれないのですから。

林野庁長官は技官出身者と事務官出身者が交互に就いているのですが、島田長官は技官出身です。2009年2月に、次長をされていたとき突然私の研究室に来られて、「今までスギを植えすぎたところもある。国有林にも防災・環境保全林として、宮脇教授の主張する森を災害地などでつくるから協力してほしい」と言われるので、私は言ったのです。「島田次長、あなたがそう言っても、国は100年以上、スギ、ヒノキ、カラマツ以外は木じゃないと言ってきた。現場の森林管理署の皆さんを説得しきれますか」と。すると彼は、「大変ですけれど、必ずやりきります」と答えてくれました。

さすがに林野庁の上層部は私のところへ来る前に、よく調べていました。実は、九州の佐賀県内で、林野庁から県に出向していた井手課長が、私の指導方式で台風にやられた針葉樹林を広葉樹林に変えた実例があるのですが、それらを指して、「先生、私たちは先生の成果をしっかりと調べています。ぜひ、協力してほしい」ということでした。

池田　実際には先生のご提案事項というのは進んでいますか。

宮脇　林野庁も官僚組織ですから、トップが「やる」と決めたら、各森林管理局が競うように動き始めました。一昨年（2009年）は広島県の呉市域の野呂山の国有林で、スギの風倒木地に広葉樹のポット苗を植えました。地元の森林管理署の皆さんと、各森林管理局の中堅幹部が全国から80人ほど集まって、そのメンバーで植樹をしたのです。一般公募でも参加者を募りたいと話したのですが、第一回は各森林管理局の皆さんに現場で木を植えながら理解してもらうことが大事だからと、林野庁、森林管理局の皆さんだけで行なわれました。

林野庁ではその後、中部森林管理局では佐久で、東北森林管理局では八幡平国有林で、四国森林管理局では高知の海岸沿いの国有林で、官民共に潜在自然植生に基づいた森づくりを進めています。さらに北海道森林管理局や、関東森林管理局管内の伊香保の奥、箱根芦ノ湖畔のスギの風倒木跡などにも広葉樹の苗を植えており、また事前植生調査を進めているところもあります。

よくトップが替わると、何か新しいことをと簡単に方針を変えることも多いのですが、やっと日本の林野庁では方針が固まってきたようです。先日2011年1月19日に皆川芳嗣・現長官にお目にかかったときにも早速、20年前の火山噴火で43名の方が犠牲になった九州雲仙普賢岳の火砕流跡に計画されているいのちを守る防災・環境保全林再生プロジェクトの植樹祭には、ぜひ植樹に行きたいと約束されています。すでに沖修司九州森林管理局長を陣頭に共に現地調査をしています。さらに城土裕中部森林管理局長のもとで2010年5月に長野県佐久のスギ、ヒノキ植林の崩壊跡地に行なわれた広葉樹種の植樹に続いて、2009年の台風18号で被害を受けた愛知県下の豊橋国有林で計画されている植樹祭には、皆川長官も一職員としてでも是非参加し、市民と共に木を植え、国土保全の森づくりを進めたいと意欲を示しておられます。こういう形で全国的に計画的な国民運動として森を再生しようというところまで来ています。しかし、まだ植物社会学的な意味での照葉樹林といえる森は目に見えて増えているとは言えません。国土保全、大震災に伴う大火、大津波から国民のいのちを守るためにも、日本列島全域の潜在自然植生に基づく本物の森づくりを、より確実に、国家プロジェクトとして計画的に、できるところから進めなければいけないんです。

池田　そうすると、今後、林野庁とは対立関係でなく、協調的に進んでいくのでしょうか。

宮脇　もともと対立などしていないんですよ。たとえば、宮脇は、針葉樹はすべてダメ、針葉樹を全部広葉樹に変えようと言っていると、皆さん思っておられたかもしれませんが、そうではない。針葉樹もいいものは残す、ということです。

しかし、土地に合わない木を植えれば、管理しなければいけないし、下草刈りや間伐などこれから何十年もしなければいけない。ですからスギのあとにまたスギを植えるのでなく、今度は土地本来の潜在自然植生の主木となる樹種、たとえば照葉樹林帯であれば、主木のシイ、タブ、カシ類、それを支えるシロダモ、ヤブツバキ、モチノキ、カクレミノ、ヤマモモなどを植える。ミズナラ、ブナ帯であれば、ミズナラやブナ、カエデ類、それらを支えるセンノキなどを植えればいいんです。主役の木が本物なら子分も土地本来の木がついてきます。全部そろえばベターだが、そろえなくても大丈夫です。森は主木群がしっかりしていれば自ずから本来の森の姿になっていくからです。また暴風などで倒れたり間伐したスギ、ヒノキ、マツ、カラマツは焼いたりしないで、そのまま斜面に横に置いておくとよいのです。そうすればそこに落ち葉がたまって、土壌が豊かになります。

こういう森づくりの方法は宮脇方式と言われますが、それは私が机の上で考えたものではなく、何百年も何千年も、自然の森が培ってきたシステムに則って、その枠の中で森づくりをすることを提案しているのです。したがって対立も何もないのです。考え方の違いは、森づくりを、長期的に見るか短期的に見るか、あるいは一面的に見るか総合的に見るかであって、お互いがじっくりと話してみれば、皆さんに理解していただくことができて、「そういうことならば、ぜひやりたい」となるわけです。

たとえばそこが針葉樹にも適地で、しかも十分管理ができて、将来、経済的にも外材に負けないで利用できるところは、スギ、ヒノキ、カラマツの単植林であってもいいのです。しかし管理が難しく、しかもとくに災害の被害の危険性のあるところは、できるところから土地本来の潜在自然植生の主木の広葉樹を中心に植えていって、時間をかけて選手交代する、ということを提案しているのです。それは同時に、地域経済と共生する森づくりです。

針葉樹は金になるというので植えられましたが、広葉樹が金にならないというのは嘘ですよ。ケヤキのような広葉樹でも、一定の樹齢になれば今でも1000万円くらいで売れるんです。実際、ヨーロッパから日本に輸入している家具の多くは広葉樹で作られていますよ。ドイツの林業のように、80年伐期、120年伐期で、高大木を丁寧に伐採して搬出し、家具、建築の用材として利用すれば、後継樹が大きくなって防災・環境保全、国土保全林として国民のいのちと国土を守り、地域経済と持続的に共生できる価値ある森になるのです。

池田 日本でも伝統工法では建築材として使ってきていますからね。

宮脇 こういう森づくりを林野庁が指導して、官民あげて盛り上げていただきたい。同時に4000年来、新しい集落や町づくりに日本人が必ずつくり、守ってきた鎮守の森の智慧と、現在の生態学や植生学の知見を統合した、地域経済と共生するいのちの森づくりのノウハウとその成果を、世界に発信していただきたい。

森づくりのプロであった林野庁の事業従事者はかつては8万人いたのが、今では8000人以下に縮小しています。苗圃《びょうほ》も立派なものがあって、そのノウハウも持っていたのに、全部売ってしまいました。森林管理局は全国で7カ所に統合され、下部組織の森林管理署も大幅に縮小、統合されています。

今までは木を伐っていたけれども、木を伐ることがなくなったからもう組織はいらないというのではなくて、森林管理署も、森林管理局も、多彩な森の効用を十分理解し、国民と共に森の多面的な利用を本気になって考えて、伝統的な造林技術に、潜在自然植生を主としたエコロジカルな知見を加えて、新しい時代の森づくりのプロとして森林をつくる方に回らなければいけない。林野庁の皆さんは森づくりのプロですから、国有林にこだわらずに、38万平方キロメートルの日本列島全域で、森づくりを展開してほしいですね。

土地本来の森は、ローカルには新しい時代に応じた防災・環境保全林として機能し、グローバルには生物多様性を維持し、カーボンを吸収固定する。このエコロジカルな森づくりを各省庁、地方公共団体、企業、各団体、NPOなどと共に、全国土に国民運動として進めていただきたいというのが私の願いです。

森づくりは自分のために、愛する人のために

宮脇　国民の多くは、これほどエネルギーとモノにあふれた恵まれた生活をしていながら、生物的本能からか将来に対して不安を感じています。何かをしたいが、どうすればいいのか分からない。確たる方向性を国も社会も企業も示せないので、市民の中にはわけも分からず反対運動に回るものもいる。そういうネガティブ指向でなく、今こそ、国も各行政機関も、また企業も各団体も、リーダーとして、確実に輝かしい明日に向けての橋渡しとなる、

いのちと心と遺伝子を守る森づくりを積極的に進めていただきたい。もともと日本列島の98パーセントは森だったのですから、山にだけでなく、里にも森を、さらには都市や産業立地にもいのちを守る森をつくることは理にかなっているのです。今すぐ、一人ひとりが自分のため、人類のために、足下から木を植えて森をつくりましょう、と申し上げているのです。

すでに国土交通省の地方の各河川、道路管理事務所では、二十数年前から四国の野村ダム、奈良県の橿原バイパス道路、現在も毎年行なっている出雲の斐伊川の放水路建設斜面などで、部分的には潜在自然植生に基づく道路、ダム、河川沿いなどの防災・環境保全林づくりを実施しています。出雲河川事務所などでは今年（２０１１年5月）も小学生や地域住民と植えますが、国土交通省全体での取り組みにまでは進んでいません。

昨年（２０１０年）、生物多様性をテーマにしたＣＯＰ10（生物多様性条約第10回締約国会議）が名古屋で開催され、日本は議長国として重要な役割を果たしましたが、このテーマに関して環境庁はさかんに里山の保全をと言います。しかし里山のような雑木林は放置すれば必ず蔓植物などが入り込んで藪になってしまいます。里山を残すというなら、誰が2年に1回下草刈りをやるのか、誰が20年に1回伐採し、再生萌芽させて森の更新をするのか。その担保が必要です。ですからより現実的な方法として、里山の雑木林も、針葉樹の人工林なども含めて、今あるものを上手に残しながら、その間に本物の樹種を植えていく。そしてゆくゆくは最終形態の照葉樹林、山地や北の地方であれば夏緑広葉樹林になっていくように計画・実施すればいいのです。

その方法はもう完成しているわけです。実際に私たちが植樹したところでは確実にシイ、タブ、カシ類などの照葉樹の森、またブナ、ミズナラの森ができてきています。このノウハウに基づいて森づくりを国民運動として行なう場合には、NPOや市民の皆さんの協力を得ないといけませんが、林業のプロである林野庁、森林管理局、森林管理署の皆さんが中心になり、環境省、国土交通省、自治省、文部科学省などの各省庁、都道府県、市町村など自治体が責任をもって事業として進めればいい。そうすれば、地域の子どもたちには共に体を使っていのちを実感する具体的な場となり、いのちの素晴らしさ、尊さを心と体に刷り込ませる、真の環境教育となるのです。また地域の総意として、自分たちの足下からいのちを守る森、地域の防災・環境保全林を再生し、創造していくことができます。

森づくりは、自分のためにやる。そうでないと長持ちはしません。NPOだって空気だけでは生きていけない。トータルとしてビジネスにならなければ続かないわけです。そういう意味で、日本の本来の生きている緑の資産、森という「元手」を増やして、少し遠慮しながら「利子」で食べていく、そうやって次の世代に経済と共生するいのちの森をつないでいくというのが本当の知恵ですね。

池田　その通りですね。

宮脇　森が生長して、その土地本来のクライマックス＝極相といわれる最終の森になるまでには、自然の遷移に任せると、何度も申しますように150年から300年くらいかかります。ですからその土地本来の自然の姿を取り戻すのは気が遠くなるような時間が必要なのですが、私はその土地本来の主木となる樹種を主にして、できるだけ多くの森の構成樹種の根群の充満した幼苗を計画的に植樹することによって、いきなり最終の森をつくっているわけなんです。まだ不十分なところもあるかもしれませんが、いのちと環境の総合科学、植生学、植物生態学、植物社会学と、日本伝統の鎮守の森をインテグレートして、21世紀の森をつくる。それは次の氷河期がくるであろう9000年先までもつような、いのちの森づくりです。エネルギーや地下資源、工業生産物はみな有限です。いくらでも増やせるのは生物的な、生きた材料だけです。

日本人は4000年このかた、そういう森を「鎮守の森」としてつくり、守ってきたのです。それは世界で唯一、日本だけなんです。資源の少ない日本で、潜在自然植生に基づくエコロジカルなすべての人たちのいのちを守る防災・環境保全林、地球規模では生物多様性を高め、カーボン＝炭素を吸収固定し、温暖化を抑制する、地域経済と共する21世紀の鎮守の森つくりのノウハウと成果を、全世界に発信してゆきましょう。

III

命をかけて本物を生きる

軽巡洋艦・矢矧。

少年期、青年期の教育が人を育てる

大人社会を見て育つ

宮脇　池田先生は１９２４（大正13）年のお生まれですね。私は１９２８（昭和３）年生まれですから、年齢的にぎりぎりで戦争へは行かなかったのですが、こんな豊かな時代が来るなんて夢にも思わなかった時代に青春期を過ごした人間は、目的はともかくとして、常に命がけで生きたし、未来に希望があって生き生きとして生きてきましたね。

それが今、モノもエネルギーも、紙切れの札束も株券も、これだけ増えているのに、動物の世界では普通あり得ないような家庭内での不幸な問題が起きたり、あるいは子どもの頃から、かけがえのない命を粗末にする。今の子どもたちは塾に通わされて、腐った鰯みたいな目をしているし、若者たちは電車に乗ったらすぐ頭を下げて寝てばかりいる。そういうことで、一番大事ないのちの問題が、もっとも豊かな時代になって見失われているのではないかと危惧しています。

命がけと言っても、戦争当時、私たち内地にいた者はなんとか食べるものもあったし、辛さを我慢すればよかったけれど、池田先生は海軍で戦場に出られて、もう舟板一枚、船底は地獄という海の上で、本当に命をかけてこられた。壮絶な情景を、静かに訥々とお話しになるのを伺いますと、そこに人間が命をかけた瞬間の物語があった、という感動を覚えますね。まさに昭和の生き証人として、生のお声で語っていただき、命がけの重みを受け継がなくてはならない。これは歴史のドキュメントであると同時に、そこに人間本来の生きる姿が垣間見られるわけです。今を生きる私たちが感性や知性を高めていくためにも大いにヒントになることがたくさんあるわけで、ぜひ池田先生にとことんまで、お話しいただき、お聞きしたい、それは私の願いですね。

私は戦記ものをいろいろ読んでいるので、戦史についてはある程度知っているつもりです。しかしそれは、だいたい人の書いたものを読んだり、聞きかじったりしたことをまとめたようなものですね。しかし池田先生は、実際に日本の運命を決する先端にいらっしゃった。そしてご自分の体でそれを体験し、今日まで生き延びていらっしゃる。戦前の幼少期を経て、あの時代に軍人になられて、どんなことを思い、そして戦後を今日までどのように生きてこられたのか。その間の心の問題を柱にして、具体的なご体験をお聞かせくださいませんか。

池田　僕は、親父が海軍におりましたので、物心つく頃から海軍というのは身近な存在だったんです。親父は山本五十六と同期の兵学校出身なんです。明治大正の頃は、海軍というのは最高だったんですね。

宮脇　それはエリート中のエリートだったんでしょうね。

池田　第一次世界大戦のときは、駆逐艦「桃」に乗艦して地中海まで行ったそうですが、僕が生まれる大正13年頃は駆逐隊司令で旅順にいたらしいですよ。まあ、戦争ばっかりやっているんですけれどもね。

その頃、留守宅は鎌倉でしたが、鎌倉の家は僕がお袋のおなかの中で6カ月くらいのときに関東大震災に遭って、お袋が兄三人を連れて、海軍の世話で静岡へ行くんです。そこで間借りをして避難生活をしていたときに、1924（大正13）年の1月に僕は生まれました。だから僕はもう、生まれたときからそういう災難に遭っていたんですね。

親父が海軍だったから、それからしばらく佐世保の軍港にいて、兄貴たちは佐世保の中学に通ったんです。僕はまだ満1歳ですから記憶にはないですけど、そのときに住んでいた家は今もあるんですよ。それからしばらくして、昭和2年に神奈川県の藤沢に新しい家を建ててそこへ移って、僕は藤沢で育ちました。

家の近くには境川という川があって、台風のときなどはすぐに水があふれて、橋がなくなるというようなところでした。その頃藤沢は人口1万人くらいの町で、周りはほとんど農家でしたから、東京というのはものすごく都会で、東京から転校してきた小学生なんかはずうっとモダンな感じでした。彼らはお坊ちゃんで、僕らは田舎っぺという感じだった。当時は、ほとんど農家の子たちと遊んでいましたね。

今でも僕が小学校のときの日記があるんですよ。4年生のとき、松太郎の日記というのが教科書にあった、それで日記を書くということが学校の宿題になって、1年間通して書いたのです。一週間ごとに先生に出して、二重丸や三重丸がついていて、コメントも入っていましてね。それを両親が皮の製本をして残してくれたものだから、今でも立派に残っているんですよ。

宮脇　それは素晴らしい思い出ですね。

池田　それを読むとね、遊ぶことばっかり書いているんです。その代わり、季節ごとに遊びが変わっていく様子がよく分かる。正月の遊び、それから4、5月は凧揚げ、あの頃は5月が凧揚げだったんです。6月はホタル狩りでしょう。7月になると忙しくて、ドジョウすくいだ、フナすくいだ、山に行くだとか。そういう遊びのことばかり書いてあって、とても興味深いんですよ。それを今読み返すと、当時は本当に自然の中で遊ぶこと以外なかったんですね。

宮脇　私は岡山県の中国山系の西側、海抜400メートルくらいの山村の生まれで、生家は農家でしたから、先生のお話が実感としてよく分かりますけれど、藤沢あたりでもそうでしたか。

池田 そうですよ。それから、飲み水など生活水は井戸でしたから、井戸替えを近所の人たち皆が集まってやっていました。もう一つよく覚えているのは、カヤ葺きですね。まだ農家はどこもカヤ葺き屋根でしたから、屋根の葺き替えをする。そういうのも集落全員でやったんです。それから道路も集落で管理しているんです。荷車が通るので轍ができるわけ。まだアスファルト舗装なんかしていない自然の道だから、すぐへこむんです。雨が降ると水溜りになるんですが、そういうところはしょっちゅう砂利をいれてならして、道普請《みちぶしん》するわけです。そういうのもみな集落でやっていたんですね。

だから日記を見ると、あの頃は自分たちの住んでいる周辺は、水の管理から、道路の管理から、屋根の葺き替えから、みな集落全員でやっていたというのがよく分かるんです。

宮脇 それは公共事業ですね。

池田 そう、公共事業も集落、共同体でやるわけですね。今は道路は道路局だ、水道は水道局だって他人事のように言うけれど、あの頃は水の管理から何から、畑へ水を引くのから川に流すまで、全部自分たちでやっているんです。台風のときは川があふれて、その辺が全部水びたしになる。そういうときは、また集落総出で助け合うんです。橋が流されると、総出で直すわけ。そういう仕事を親父たち、大人がやるのを子どもは見ている、そして手伝えることは手伝うというように自然になるわけです。それがものすごく、色濃く印象に残っていますね。

だから、バチが当たるという言葉も、家族から言われるだけではなくて、よそのおじさんやおばさんから、「この野郎、そんなことしたらバチが当たるぞ」ってね、ずいぶん怒られたんですよ。怖いおじさん、おばさんがいてね。

宮脇　昭和33年頃でしたが、私が留学していたドイツもそうでしたね。子どもは社会の子ども、皆の子どもだと言って、バスなんかでも子どもが座っていると、隣のおじさんが「お前の座るところでない。立ちなさい」と言うわけです。するとお母さんが「どうもすみません」と言う。子どもが立つと年配の人などが軽く会釈して座るんです。日本では親子連れに絶対そんなことを言いなさんなと、ドイツかぶれもいい加減にしなさいと家内に口酸っぱく言われましたけど。そういう運命共同体の考え方は日本も昔はありましたね。

池田　戦前は完全にそうでしたよ。

宮脇　幼少年期にそういう体験があるのとないのとでは、社会に出てどのように振る舞うかというところが、随分違ってくるでしょうね。

教師のポリシーが生徒を育てる

池田　そして中学は湘南中学へ行きました。

宮脇　その頃、名門校だったのでしょう。

池田　そうですね、月曜日は生徒は皆、ゲートルをはいて行くというようなところでした。そのゲートルも、編み上げの海軍式のゲートルなんです。横須賀に近かったので、僕の親父のクラスメイトなんかも鵠沼とか鎌倉とかにたくさんいましたから、海軍の子弟が大勢いました。だからなんとなく、身の回りにそういう戦争の雰囲気が立ちこめていたといいますか。電信柱に非常時と書いたものが貼ってあって、「今は非常時か」と子ども心に思ったものでしたね。そういう非常時が常時だったんですから。

僕は昭和5年に小学校に入ったのですが、その翌年の小学校2年のときに満州事変が起こりました。柳条湖事件が昭和6年の秋ですね。それが15年戦争の発端になりますけれども。そういう世相、雰囲気の中で育って、中学校でもまっしぐらに海軍兵学校に行くことを考えていましたから、剣道部のキャプテンをしたりして粋がっていましたね。

宮脇　中学では教練の時間がありましたね。池田先生が中学に入られた頃はまだ鉄砲は持っていなかったですか。

池田　いや、持っていました。牛蒡《ごぼう》剣といわれる黒光りする銃剣の付いた三八式小銃でした。あるとき、整列の最中にその銃剣をさわっていたら、陸軍の特務少尉だった教官がものすごく怒って、僕は懲罰として直立不動で立たされたんです。実はその数年後に僕らは兵学校に行くわけですけど、休暇のときに帰ると、あの特務少尉がまだ教官でいるわけです。ところがこっちは兵学校生ですから、すでに階級が士官の下という階級で、もう彼らと対等なんです。そして僕らは兵学校を卒業するとしばらくすれば中尉になる。だから卒業して帰ってくると、今度は向こうが階級的に下になってしまうんです。何ともバツのわるい顔をしていたのを今でも鮮明に覚えていますが、そんな状態だったんですよ。

中学生活で今でもあれはよかったと思うのは、僕がいた湘南中学というのはすごい英語教育をやっていまして、僕たちのときはミスター・ダンカンというイギリス人を先生に呼んで、生きた英語教育をやったんです。もう支那事変が起きて戦争に向かいつつある頃だったんですけれどもね。赤木校長という初代校長がものすごいポリシーを持っている人で、「これからは国際社会になるから、国際的に堂々とやれる青年を養うんだ」といって、もう戦時色が強くなっていて、ほかでは英語などやめるという頃に、英語に力を入れたんです。50人クラスを英語の授業のときには半分の25人ずつにして、イギリス人の教師をつけて、英語の時間は一切日本語を使ってはいけないという。そういうすごいことをやったんですよ。それから先生方もいわゆる師範学校卒ではなくて、自分で苦学して教師の免許を取った人、そういう先生を全国から集めたんですね。

宮脇　当時そんなポリシーをもって教育を考えていた方がおられたんですね。

池田　赤木校長という人は本当に芯の通ったポリシーがあって、非常にユニークな先生だったんです。

もう一つ、懐かしいエピソードがあるのですが、学校は藤沢の駅の近くにあったのですが、プールなんかなかったわけです。それで江ノ島の、海岸べりでなくて裏の方に西浦という入り江があるのですが、そこは飛び込めるような深さなんです。僕らの兄貴の頃までは、そこまで出かけていって水泳の訓練をやっていた。ところが、水泳の時間にわざわざそこまで行くのにものすごく時間がかかるので、自分たちでプールを持とうということになったんです。それで生徒が中心になって計画して、2年、3年がかりでプールを掘って作ってしまうんです。僕らが入ったときはもう、兄貴たちが作った立派なプールがあって、そこで水泳訓練をやっていました。そういうのも全部手作りでやる、そういうことを校長が意図的にやらせるわけですね。もちろん県立校なんだから予算をとって作ればいいわけだけれども、生徒にやらせるということに意味を持たせたんですね。そういう意味で、僕たちは非常に恵まれた環境で育ったんですね。

宮脇　それは中学生くらいの年代の子たちにはいい経験になりますね。生きた教育ですね。まさに子どもは親や先生や周りの大人の背中を見て育つ。そういう教育によって子どもは育つんですね。

海軍兵学校から進路は前線配属へ

池田　そうして、昭和15年12月、中学5年生のときに、16歳で僕は海軍兵学校に入ります。太平洋戦争開戦の前の年ですね。もう、支那事変から日中戦争は始まっていて、僕の親父の弟で陸軍中佐だった人は、すでに昭和14年に戦死しているんです。親父は海軍、その弟は陸軍でしたから、戦争の雰囲気は身近に感じていましたが、僕はもう本当に戦争の色が濃い中で兵学校に行ったんです。それで翌年には真珠湾攻撃をやってしまったんですから。昭和16年、僕が兵学校2年のときです。

宮脇　そのとき、兵学校ではどんな感じでそのニュースを受け止めたんですか。事前にもう分かっていたのですか。

池田　いや、そのときまで全然知りませんでした。僕らは、よもやアメリカとはやるまい、という感じでいたのですが、12月8日の朝、全校生徒が集められて開戦を知らされました。

宮脇　兵学校は全員、寄宿舎生活ですね。

池田　そうです。学生の指導は基本的に全部、最上級生が下級生徒を見るというものでした。で、最上級生が一号生徒、その次が二号生徒、その下が三号生徒と言われました。僕らが入ったときはまだ4学年が基本でしたから、僕らは四号生徒で入ったんですけど、最下級生は一号生徒が直接指導するんです。

宮脇　池田先生の同期は何人ぐらい入ったのですか。

池田　僕が昭和15年に第72期生として海軍兵学校に入ったときの同期は625名でした。でも昭和18年に卒業してすぐ第一線に配属されて、終戦が昭和20年ですね。そのわずか2年足らずの間に、625名のうち戦死者が続出して、最終的に生存者は290名しかいないんですよ。だから5割以上、戦死しているんです。

　僕らの12年先輩になる60期から、僕らの72期まで、要するに、大正元年生まれから大正12、13年生まれまでの、当時20歳から30歳代前半ぐらいの人たちは、全クラス、どの年代でも半分以上が戦死しているんです。つまりこの年代の人が一番、第一線で働いたわけです。それでそういう若手が死ぬから、次の人材をどんどん補給しなければならないわけで、僕らのあとからは生徒の人数をどんどん増やしていくんです。

そして僕らから3年後には、もう日本は負けるという雰囲気の中で、海軍では75期から78期の4学年は、兵学校生を何千人も取って、徹底して戦後復興のための教育をやったらしいんです。井上大将という人が前線を離れて兵学校の校長になっていた時代にそういうことを始めたんですね。この期間の兵学校生は、英語の教育をはじめ、後に役立つ教育を受けていて、彼らはずいぶん得をしているんですよ。戦後はすぐ大学へ行ったりして、多くの人たちが復興のために活躍しています。

僕らは戦場に行く真っ最中でやっていましたから、卒業と同時に全部第一線に配属されました。同期生625名のうち半分は飛行機、半分は艦艇へ行きましたが、僕は艦艇の方へ行きました。飛行機に行ったのは霞ヶ浦で一年間航空実習をしてから実戦配置されたのですが、艦艇に行ったのは直ちに現場に配属されました。艦艇に行ったのも、飛行機に行ったのも結果的には戦死率は同じくらいで、全部50パーセント以上ですね。

僕らが卒業してからの大きな海戦というのは、マリアナ沖海戦と、レイテ沖海戦、そして沖縄特攻作戦の三つなんですよ。

宮脇　みんな敗戦ですね。

池田　そう、全部敗戦だけれどもね、その三つ全部に参戦したのは625名のクラスメイトの中で僕一人なんです。これも結果的にそういうことになったわけですけれどもね。

戦場は一瞬一瞬が命がけ

配属先は最新鋭の軽巡洋艦「矢矧」

池田　僕は海軍兵学校を卒業したらいきなり、「軍艦の艤装員《ぎそういん》を命ず」ということになったんですけど、そのときは乗艦することになる「矢矧《やはぎ》」なんて、名前も知らなかったんですね。ただ、新造艦の軽巡洋艦を秘密のうちに作っているという程度の情報しかなかった。僕が卒業したときはまだ、建造中でした。

宮脇　艤装員というのはどういう役目ですか。

池田　要するに、すでに運用している船に乗るのは乗組員だけれど、まだドックで作っている船に配属されるのだから、乗組員ではなく、将来乗る人という意味で艤装員というのです。それで艦長になる人は、艤装員長という辞令なんです。つまり完成と同時に艦長になり、乗組員になるわけです。

宮脇　すると、完成まではどういう仕事をされたんですか。

池田　まだドックで建造中の船を見に行くのですが、船の中は突貫工事でワンワン騒音が響いていて、24時間体制で作業が続いているわけです。そういう状態の船に通って船の構造を見学したり、この船の航海士になるのは分かっていたから、航海士としての勉強を座学でやったりしました。でもそのおかげで、まだ海に浮かぶ前の船の隅々まで見て回ることができたので、この船のことは何でも分かるくらい詳しくなりました。

それで完成と同時に乗り組むわけですが、まず最初は試運転をするんです。最大スピードで走ったり、それから「停止、後進いっぱい」とやると行き足がどのくらいで止まるかとか、最大スピードで面舵いっぱいだとどのくらい傾斜するかとか。そういう性能試験をやるわけです。しかしすべて秘密だから、誰からも見られない沖合いでやらなければならない。けれども、太平洋上でやると波があるから、正確な性能が分からないというので、瀬戸内海の一番広い豊後水道の周防灘というところでやるんです。その間、漁船なんかを排除してね。今残っている矢矧の写真というのは、その試運転のときの写真ですね。

それはすごい、37・5ノットの最大スピードを出せてね。軽巡洋艦で世界でも最高のスピードが出る船でした。その代わり、アーマーという装甲甲板はものすごく薄くして、防御は犠牲にしていく。ゼロ戦もそういう発想なんですね。防御は無くて戦闘能力はすごい。海軍は一貫してそういう思想なんですね。この矢矧なんかはまさにそうなんですよ。エンジンは

10万馬力でした。あの戦艦大和は矢矧なんかより何倍も大きい船だけれども、それでも15万馬力ですからね。だからほんとにスピードはものすごく速い。37・5ノットというのはモーターボートのような速さですね。

宮脇　海戦の中では、そんな早さでも撃たれているんですか。

池田　向こうはほとんど飛行機でしたからね。飛行機から見たら、どうってことないんですよ。それでも回避運動をやるから、そう簡単にはやられないんですけれど。

宮脇　矢矧の装備は戦艦に比べてどれくらいのものだったんですか。

池田　攻撃力は、大砲は口径20センチですから、戦艦の36センチ砲なんかに比べると小さいですね。それから戦艦は装甲甲板が二重構造になっているんです。バルジと言いまして、本体の周りに、もうひとつ膨らんだバルジがあって、もし魚雷が当たっても装甲が二段階になっているので浸水しにくいんです。矢矧なんかは、そうなっていない。

宮脇　鉄板一枚ですか。

池田　ええ、やられたらそれでおしまい。防御力は犠牲にして、走行性能を上げてあるわけです。

技術は訓練で補っていた

池田　矢矧の任務は主に、水雷戦隊の旗艦として、駆逐艦を12隻くらい連れて戦闘に出るわけですね。ですからなによりも行動力が要求されましたが、同時に先頭集団の旗艦として行動計画の指示を出す責任があるわけです。ところが、自艦の位置をどうやって把握するかというと、測位は天測なんです。今のようなＧＰＳ（衛星測位システム）などない時代ですから、星を見て自分のいる位置を計算するわけです。だから、南方の星はほとんど覚えました。

曇っているときでもチラっと星が出る、その瞬間にあれは何という星だ、とすぐに判断して天測する。あれはすごかった。20歳くらいの若さだったからできたんですね。とにかく星の位置関係を覚えるには経験を積むしかない。そして今は何時だから、見えるとすればこの辺のはずだ、と当たりをつけるんです。あの頃は、もう自信満々でしたね。どの星を見てもパッと分かってね。

それで自艦の正確な位置を出すのには、星を三つ天測して三角法で位置の割り出しをしなければならないんです。それをどのくらい短い時間で、しかも正確に出すかというのが航海士の腕の見せ所なんです。そういうのを毎日、朝から晩まで訓練していました。初めのうちは大変なんですよ。航海長に「お前、へたくそだな」なんて言われて。今の若い人たちは、星と自分のいる場所の関係なんて考えたこともないんじゃないかな。

宮脇 深さはどのようにして測るんですか。

池田 大体、日本の海軍は戦争前に秘密のうちにかなり詳しく調査してあって、軍事機密の海図があった。だけど、戦場が広がってしまったから、調査していないところがいっぱいあるわけです。調査していないところはもう、手探りですね。それで、よく駆逐艦なんかは座礁していました。座礁すると、満潮を見計らってワイヤーで引いたりして救助するんですけれど、これが大変でね。

宮脇 敵の潜水艦を探知するソナーのような索敵装置はなかったんですか。

池田 ソナーはありましたけど、日本のは性能が全然低い。アメリカの潜水艦にしてやられたのは、ソナーの性能の差が大きかったのです。われわれは大体、編隊で行くから、味方のスクリュー音が雑音になって敵の潜水艦の音と区別がつかないんです。どうもアメリカのは、自分の船と敵の船の音の区別ができていたようですね。とにかく日本とアメリカを比べて、ソナーのような技術の差は歴然としていましたからね。

さらに性能の差があったのは電探、すなわちレーダーですね。兵学校に入ってレーダーの勉強をしたのは、僕らのクラスが最初なんです。だから、僕らより上のクラスの人たちはレーダーを知らないんです。曲がりなりにも僕らはレーダーを習ったから、沖縄特攻のときは、僕が測的長になったんです。測的長は普通、古参者がなるのですが、僕は中尉になりたてでしたが測的長という立場でレーダーの担当をしたんです。しかし、レーダーの性能がよくないので、山などは大体分かるのだけれども、船か島かの区別もよく分からない。それから、なによりも本体が真空管でしたから、内地から送られて来る輸送の途中でみんなフィラメントがいかれてしまって、実際に取り付けてみると、半分以上ダメなんです。また戦闘になれば、自艦の大砲の衝撃でフィラメントがバンバン飛んでしまう。というような状況で、故障ばかりしていて大変でしたね。

宮脇 最新艦でもそうだったのですか。それが日本の実力だったんでしょうね。

池田 そう、実力ですね。要するに、そういう近代技術文明という点では、進んでいる方と遅れている方の優劣が非常にはっきりしているんです。そしてもう一つ、決定的に大きな差があったのが、VT信管と言われる装置の付いた対空砲弾です。

VT（variable timing）信管というのは、近接信管と言われるものですが、対空放火の砲弾の中に小さな電池と真空管のような金属レーダーが入れてあって、この弾は飛行機のそばに行くと破裂するようになっているのです。日本の場合は、弾を相手の飛行機に当てないと落ちない。だから、如何に当てるか、命中精度を上げる訓練をするわけです。ところが、アメリカのは、兵隊さんにそんな訓練をしなくても、大体標的のそばに行けば弾の中の信管が反応して爆発するようになっている。標的から50メートルくらいの範囲の中に入れば破裂するから、大体の方向に向けて撃てば標的機の周りでバンバンと破裂して、ゼロ戦など落ちてしまうわけですね。今では自衛隊でも使っているらしいけれど、その当時の日本はそんなことは全然知らなかった。

そして、初戦マリアナ沖海戦からレイテ沖海戦へ

池田 僕らが乗艦した矢矧の初めての実戦配備はマリアナ沖海戦でした。作戦は、アメリカの飛行機は防御が厳重で重たいから航続距離が短い。大体200マイルくらいだったのですが、日本の飛行機は300マイルくらい飛べる。そこで敵機が往復できない、すなわち攻撃機が届かない外側にある空母から攻撃をしかけるという、アウトレンジ法というものでした。すると空母艦隊の本体は大丈夫だというわけです。

宮脇 軍令部の計算では、それはうまくいくはずだったわけですね。

池田 ところが、前述のレーダーとVT信管の砲弾でやられてしまうわけです。こちらから攻撃しに行くのが全部レーダーで分かってしまって、敵側は戦闘機部隊に「もっと上へ行

け、こっちへ行け」と指示を与えて、日本の飛行機が来るのを待ち構えていて迎撃する。そして下からは高射砲のVT信管の弾が飛んでくるというわけです。俗に七面鳥落としと言われていますけど、日本の飛行機はどんどん落ちた。ほとんど全滅してしまうんです。

さらに大きな損害となったのは、安全だったはずの旗艦空母の大鳳、さらには翔鶴という最新鋭の空母が、思わぬ事でやられてしまうんです。大鳳という空母は昭和19年の3月に出来上がって、マリアナ沖海戦が6月ですから、3カ月前に出来上がったばかりの最新鋭の、しかも当時で世界最大の空母でした。この空母を作ることになったのは、その前の南太平洋海戦でアメリカの航空艦隊と一戦を交えたとき、戦況は互角だったんだけれども、翔鶴、瑞鶴という日本の空母が敵機の爆弾で甲板をやられた。船はなんともなかったんですが、甲板をやられて飛行機が発着艦できなくなった。その戦訓によって、新しく作った大鳳というのは爆弾が当たっても甲板が使えるようにと、特殊鋼を使った厚い鉄板で覆ったのです。もう世界でも例のない頑丈な飛行甲板を作ったわけです。だから上からの空襲が来てもびくともしなかった。

ところが、このときは潜水艦にやられてしまいました。直前に敵の潜水艦から攻撃を受けたんですけど、被害は小さく、ほとんど影響はなくて、そのまま平気で30ノットで走っていたんです。僕たちの矢矧は併走していましたが、さすが大鳳、すごいなと思っていた。ところが、それから3時間くらいした頃に、突如大爆発を起こしたんです。なぜなのか、さっぱり分からなかった。

あとで聞いたところによると、1発魚雷が当たったけれども、かすり傷くらいで、軽い煙が出ていたんですね。その煙が艦内の飛行機の格納庫に充満したので、排気ファンのスイッチを入れたわけです。そのときのスパークが引き金になって、艦内に煙と一緒に充満していた燃料ガソリンの蒸気に引火した。それは軽くポンと爆発して抜ければ船にはどうということはなかったはずなのですが、格納庫が頑丈な甲板でがっちり密封されていたために圧力がグワーっとかかってしまって、大爆発になってしまったというのです。

もうひとつの空母、翔鶴も魚雷でやられて火災を起こして、格納庫も燃えた。飛行機の燃料をいっぱい積んでいるから、すごく燃えてしまうんです。それで乗組員たちが甲板に上がって避難しているわけですけど、1000人くらいいたのでしょうか。僕らは矢矧を翔鶴に付けて、それを救助しようとしたんですけれど、翔鶴が傾き出してしまった。傾くと、もう船を横付けできないから、しょうがなくて周りをぐるぐる回っているんだけれども、ただ見ているよりしょうがない。そして船がどんどん傾いてくると、格納庫の中は大火災を起こして、リフトの中から炎がまるで噴火口のようにぼんぼん出ている、そこへ甲板にいる人がズルズルと落ちていくんです。飛行甲板ですから、つかまるところがない。僕らの目の前で、次々と落ちていくのを、もうどうにもならないんです。それをただただ見ているよりしょうがない。

それで翔鶴はついに沈むんだけれども、船の周りに浮いている人を救助すると、みんな大やけどしているんですね。100人ぐらい救助したけれど、結局船の中でも亡くなったりして、それを水葬に付すとか、とにかく大変でした。

それが僕の初陣だったわけですね。壮烈なる戦死なんてよく言いますが、戦死というのは決して壮烈なんて言えるようなものではないんです。もう、これ以上むごたらしいものはない、という状況ですよね。それを目の前で見て、しかもどうにもならない、救助することもできないという。戦争とはこういうものだ、というのを、いやというほど植えつけられたのが、そのマリアナ沖海戦ですよ。

そうして主力空母はやられるし、飛行機は全滅して、大変な目に遭うわけですけれども、僕らの矢矧はずいぶん爆弾を落とされたけれど、まったく戦死者なしでした。

言葉にできない戦場体験

池田　それから4カ月後に、レイテ沖海戦に参戦するんですけれども、そのときはもう航空艦隊はないんです。まだ戦艦武蔵、大和以下の水上艦艇はみな健在でしたが、それからの戦闘の様相は対空戦闘、飛行機が主体の戦闘になっていくわけですからね。それでやむを得ず、陸上から特攻を、というわけで、関大尉（海兵70期）たちが最初の特攻をやった。神風特攻と言われるようになる体当たり戦法ですね。

飛行機の数は敵の方が何十倍も多いわけで、こちらはなけなしの飛行機ですから、必ず一発で相手艦を撃沈するという、特攻以外にないと考えたんでしょうね。作戦としては邪道中の邪道だけれども、そこまで追い詰められていたわけです。

そしてレイテ沖海戦では、武蔵以下、参戦した艦隊も大半が沈没するわけです。10月の23日からまる4日間連続、朝から晩まで戦闘が続いて、行きも帰りも、明けても暮れても空襲でした。このときはさすがに矢矧もやられて中破するのです。

戦況は、大和がずうっと遅れて後ろの方にいて、武蔵を中心に艦隊の本体が先行していた。僕ら水雷戦隊はスピードが速いから、さらにその先頭を行くわけです。ところが、向こうの駆逐艦がすごくて、本来なら空母を護衛している駆逐艦がこっちへ向かって来るんですよ。そして魚雷を発射してくる。その魚雷を避けながら、砲戦になるわけですけれど、その駆逐艦ジョンストンの砲弾が矢矧の士官室に当たりましてね。

そのとき、士官室は戦時治療室になっていて、負傷者を集めて治療していた。そこへ砲弾が当たって大勢が戦死するんです。それを目の前で見ながら、僕らは救助より先に必死に応戦するわけです。結局そのジョンストンはこっちの15センチ砲で沈めるんですけど、矢矧は沈まなかったけれども大勢戦死者が出て、僕のクラスメイトの伊藤中尉も指揮官で戦死しているんです。そういう混戦状態の中で、船の中は戦死者の遺体だとか、腸が飛んだり、血が散乱して、それはひどかった。

船の甲板というのは嵐のときなどには波をかぶるから、滑るんです。それで歩きやすいように木のスノコ板を敷いてあるんです。そのスノコ板の下に海水が流れる。それが、そのときには海水じゃなくて、戦死者の血が大量に流れているんです。ですから船が揺れて傾くとね、血がどどどー、どどどーっと流れるんです。それくらいの血の海になると、もう臭いがすごいんです。僕はそのときに初めて、「生臭い、というのはこういうことか」と思い知るわけです。それが弾の煙の硝煙の臭いと混ざって、それは戦場独特の臭いなんです。

マリアナのときは味方の併走する艦が火災を起こして地獄絵を見たけれど、レイテでは今度は自分の艦がやられて、地獄に放り込まれるわけです。作戦中はおにぎりなんか食えないから、乾パンを置いてあるんですけれども、その乾パンも血が散乱して血だらけになっているんです。それでも腹が減っているからそれを食べるんだけれども、血のついていないのを下のほうから選んで食べるという、そういう状態でした。それが、戦場の場面ですね。

そうして、敵の駆逐艦ジョンストンをやっつけて沈めたわけですが、向こうの乗組員が大勢波間に浮いているのが見えるわけですね。それで情報を取るために助けようか、と参謀が話し合っているんです。しかしスピードをグーンと落とすと、そこへまた飛行機がワーっと寄ってくるんです。もうとても、そんな泳いでいるのを助けているなんていうことはできない、こっちがやられてしまうからスピードは落とせない。でも、ある意味でそれでよかったんです。うっかり誰か拾って捕虜にしてしまったら、あとで戦争犯罪の対象になって大変なことになっていたでしょう。捕虜虐待とか、いちゃもんを付けられたら、こっちの言い分は全然、通らないですからね。全部向こうの言い分だから。もう、危ないところだった。戦争というのはそういうことなんですね。

宮脇　うーん、何とも言えない、すごい話ですね。

池田　そのときに戦艦武蔵もやられて沈没しました。それから鳥海、摩耶など、重巡10隻のうち8隻が沈んで、軽巡は矢矧の姉妹艦だった能代が沈没して、矢矧は中破です。前の方に穴が開いて、スピードを出すと水が入ってきて、かい出しても、かい出しても水が入るから、スピードがあまり出せなくなったんです。一時は、もう6ノット以上出すと、水が入ってきて沈むというような状況だった。6ノットというのは、もうほとんど止まっているのと同じで、スピードが落ちると敵の飛行機が来るんです。だから、応急措置を懸命にしてね、まあ、どうにか、20数ノット出せるようにして作戦に戻るわけです。それがレイテに突入する予定の前の日のことでした。

作戦上はレイテ湾に一番最初に行くのは僕ら第10戦隊で、先頭は矢矧でした。あの狭い湾口を入るにはどういうふうな航路でいくか、どうやって艦隊を展開するか、事前に何枚も展開図を書いて研究しました。だから、レイテ湾の海図は今でも全部頭の中に入っているぐらいです。とにかくまったく初めての湾で、航路は非常に限定されているから、そういう中をどう通るか、しかも一番先頭ですからね。あの頃は、本当に朝から晩まで、四六時中訓練、訓練でした。

宮脇　レイテでは、退去命令が出たと言われていますが、実際にそういう命令が出たわけですか。

池田　作戦進行中に、突然、別の地点へ向かえという指示がきました。おや、なんだろう、という感じでしたね。突入目的地のレイテ湾がもう、はるか向こうに肉眼で見えるというくらい、あと一歩というところまで行ったときに、反転指令がくるわけです。

宮脇　もしそのときに突っ込んでいたらどうだったんでしょう。

池田　僕らはやられて、今ここにいないでしょうね。もうこちらには飛行機がなかったけれど、向こうは飛行機で来るんですから。軍艦と飛行機が戦うというのは、宮本武蔵がピストル、いや機関銃とやるようなものですよ。宮本武蔵のような剣豪が10人いたって、機関銃を並べているようなところへ行くんですから、どうにもなりませんね。当時、僕らは艦隊の先頭にいて、「あれ、どうして戻るんだろう」と思ったけれども、あとで考えてみれば、そのおかげで今、僕はここにいるんだな、と。

沖縄特攻作戦から敗戦へ

宮脇　そして最後に沖縄戦に向かわれるわけですけれど、そのときの状況というのはどうだったのですか。

池田　もうレイテで散々やられて、日本の艦隊はほぼ全滅でしたから、かろうじて残った大和と矢矧だけが内地で訓練していたのです。しかし大和なんかちょっと動くだけで燃料を猛烈に食うから、もう動けないんです。矢矧は多少、大和よりは動いていたのですが、それでもほとんど停泊訓練ですね。ですから沖縄へ向かうときは、もう本当に行って何らかの戦果をあげることは僕らでも全然考えてなかった。どのように死ぬかということだけだったですからね。

宮脇　戦略的には無謀な出撃だったわけですね。

池田　ひとつの武士道の最後とでもいうかな。
宮脇　大和に死に花を咲かせるということですか。
池田　そうですね。いかに最後を全うするかということでしょうね。それは美学みたいな、僕らの感じはそういうものでしたね。これで死に場所を得られた。華々しく、こっちから乗り込んでいって、自ら沈むっていう、大和の最後としては、あの時点であれ以外に考えられないですよね。楠正成が負けると分かっていても息子正行《まさつら》に別れを告げて出陣していったという故事、あれがぴったりなんですよ。
宮脇　でもその出撃は海軍の最高司令部の軍令部で決めて、軍令部長の命令を受けて行くわけでしょう。
池田　どういういきさつで命令が出たかなんていうことは戦後になっていろいろ言うわけだけれども、そのときはもうドタバタで、命令の出し方はひどかったんです。とにかく優先順位は特攻兵器が最優先で、軍艦の修理なんていうのは七番目くらいになっているという、ところが、そう言っていた矢先にいきなり出撃ということになったのです。だからもう軍令部の方は全く混乱していて、ちゃんとしたポリシーを持って命令を出しているのではないんですよ。
　僕らも、もうこれよりほかに道はないと思っていたわけですね。大和がどんなに優れた軍艦であっても、飛行機には絶対かなわないですからね。もう残っていたのは大和と矢矧だけですから、あとは駆逐艦含めても10隻しかないわけで、それをどう使うかといっても、どんなにうまく使ったって、多少米軍の沖縄上陸作戦を遅らせることがあったとしても、効果は望めないですよね。

僕ら若い士官も、ガンルームという若い士官が集まる部屋で議論しました。次の戦いで、大和と矢矧、この2艦をどう使うかということでものすごい議論をしましてね。このままだとやられてしまうから、天皇陛下には満州へ退避していただこうとか、そんな議論までしていました。

宮脇　そのとき、池田先生は日本は負けるというお考えでしたか。

池田　もうすでにレイテで帝国海軍が全滅したのだから、それはもう負けるもくそもない、とうてい勝つとは思えない。だけど、降伏するとは思いませんでしたね。その前に僕は死ぬ気でいますからね。それで大和と並んで出撃して、結果的に大攻撃を受けて矢矧も沈むわけです。

宮脇　そのとき、矢矧には何人乗っていたんですか。

池田　正式には、平常時は七百数十名でしたが、戦時は900名ぐらいですね。そのうち戦死したのは450名くらいかな。矢矧は戦死者は少ない方なんです。艦は沈んだけども、幸いにも爆発しないで済んだから、半分ぐらいは生き延びたんです。

宮脇　それで、池田先生はどうやって生き延びられたのですか。

池田　立ち泳ぎです。5時間半、立ち泳ぎでね。

宮脇　5時間半も、ですか。

池田　これは結構しんどいんですよ。それと、沈んだのは4月の7日でしたから、水が冷たくてね。

宮脇　まだ寒いときですね。矢矧が沈んだのはどの辺ですか。

池田　位置は、九州から東シナ海に出たあたりのところですね。

宮脇　大和が沈んだあとに沈んだんですか。

池田　いえ、大和は矢矧の17分後に沈んでいるんです。僕らが泳いでいるときに、水平線のところで大和が大爆発するんです。

宮脇　それで、先生のところには、しばらく誰も助けに来なかったわけですね。

池田　いやもう、特攻ですからね。もし漁船でも通れば見つかるかなと思ったかもしれないけれど、助けられるという意識はなかったですよ。とにかく作戦中ですから、残った艦があればそれは沖縄に突入すると思い込んでいたんです。ところが、大和が沈んだあと、これでは行っても意味がないと、作戦が中止になったんですね。でも、作戦が中止になったなんて僕らは全然分からないから、僕自身は助けられるという意識は万分の一も持っていなかったんです。

宮脇　大和が沈んだあと、駆逐艦は何隻残っていたんですか。

池田　4隻ですね。しかしそのうちの1隻はバウという艦首の波を切る部分をやられてしまって、前進すると水が入って来るから、後進するしかないんです。だからもう、よたよたと帰ってきたという感じですね。

宮脇　で、先生はどのようにして助けられたのですか。

池田　僕は、冬月という駆逐艦に、5時間半ぐらいしてから助け上げられたんです。大体、船が沈んだところには油がいっぱい浮いているから、見張りをしていればあそこは海の色が変わっているぞ、というわけですね。そこには人が漂っているわけです。

宮脇　実際には、艦隊は離ればなれになって沈んでいるわけでしょう。

池田　もう、戦闘でバラバラになっていますね。僕らと大和とはもう、20キロくらい離れていましたし、矢矧が沈んでから5時間半も経っていましたから、助けられるなんて全然思っていないですからね。

宮脇　20キロも、そんなに離れていたんですか。それでは見えませんね。

池田　ええ、もう水平線の向こうですよ。だから、そう簡単に沈んだところへ助けに行くなんていうことはできないんですよ。

宮脇　先生の周りには何人かいたわけですか。

池田　初めはグループみたいに、付近に何十人かはいたわけです。それがだんだん油が広がっていって、そのうち、みんなバラバラになっていくんですね。そのうちに一人ぼっちに耐えられなくなってきてね。うねりがあって、ぐうっと上がったときに見渡すと、ああ、みんないるなと思うんだけれども、もう油で目が痛くて、あけていられないんですよ。だからもう、目をつぶって、ただただ、もうひたすら立ち泳ぎですね。それで、死を待つ、というかな。

宮脇　それで、助けられたときは、向こうから声をかけて来たんですか。

池田　ええ、水面から見ていると全然見えないけれど、船の上から見れば、油のところに何人かいるというのが分かるんですね。それで、そばに来てくれた。

宮脇　そこで、何か投げてくれるわけですか。

池田　ロープを投げてくれるんですよ。ところが、ロープにつかまって上がろうとするんだけれども、周りは重油だらけで手がすべってしまうんです。それで、すぽーんと落っこちて、そうするともう浮かんでこない。もう体力がないですからね。そういうのが何人かあって、それではだめだというので、ロープの先に棒を結わえつけて、それを下ろしてくれるんです。そうすると、そのロープにつかまって、棒をまたいでロープに抱きつくようにして、上で引っ張りあげてくれて、そういう格好で僕は助け上げられたんですね。僕は、兵隊さんを先に上げて、自分は最後でいいからと言ったんだけれども、最初の連中はかわいそうだった。「だめだ、ロープの先に輪をつくれ」と言って、ロープの先に輪を作ったのもありましたが、僕の場合には、棒を股にまたいで抱きつくのが精一杯でしたね。

宮脇　それで、船上に助け上げられた瞬間はどんなお気持ちでしたか。

池田　いやあ、上がってもこっちは士官ですからね。やっぱり、結構格好をつけているんですよ。それは自分でも意識していたなあ。

宮脇　普通、士官ならすぐ分かるわけですね。

池田　そう。ところが、もう油まみれのドブネズミみたいなものだから。それから何しろ寒くてね。がたがた、震えるばかりでしたね。すぐ暖かい機関室に連れて行かれて、そこで服を支給されるんです。ところが、士官の服なんてないですよね。ですから僕が与えられたのは兵隊さんの、しかも予備の夏服の水兵服でした。

宮脇　セーラーの格好ですか。

池田　そう、セーラー服のやつ。僕はセーラーなんて初めて着るんです。それでズボンの前も後ろも分からなくて、僕は前だと思ったんだが、「いや、分隊長、それは後ろですよ」とか言われてね。水兵服って、余分な布切れがついていて普通のズボンではないんですよ。そうして、セーラー服を着てしまうと、もう、一人の兵隊さんですよ。艦内を歩いたって、こっちは海軍中尉なのにね、もう乗組員にとってはただの水兵なんですよね。おい、どけどけー、邪魔だー、なんて下士官に言われちゃってねえ。それは確かに本艦の乗組員にとっては、われわれは邪魔ですからね。まあ、惨めでしたよ。敗残兵という言葉があるけれども、もうまさに敗残兵ですなあ。

宮脇 それでも、意識は十分にありましたか。

池田 意識はしっかりとありました。助けられた冬月の航海長は僕のクラスメイトだから、真っ先にまずクラスメイトに会おうと思ってね。航海長はどこだと言ったら、兵隊のくせに何を言ってるんだ、というような顔をしていましたけれど、僕は航海長のクラスメイトだと言ったら「はあ、そうですか」なんてね。ただ、もうそのとき、冬月の航海長は、中田君といいましたが、戦闘で手をやられて、両手貫通銃創の重傷でベッドで寝ていました。僕が行っても、「おう池田か。助かったか……」と言うだけのことでしたね。

宮脇 そのクラスメイトさんの方が、かえって消耗していたんですね。

池田 もう、すっかり消耗しているんですよ。航海長で、まだ艦が動いているのにその職責をはなれているわけですからね。まあ、申し訳ないという気持ちと、ふがいなさとでしょうね。とにかく応急措置しかしていないですしね。

宮脇 痛み止めなんかはないですよね。

池田 ないですよ、そんなものは。せっかくこっちも助かって、しゃべろうと思ったんだけれど、そんな状態ではないんです。ああ、がんばってくれよ、とか言って、すぐその場を離れたんですけど、もうかわいそうでね。

それで、僕は乗組員じゃないから、できるだけ乗組員の邪魔にならないように、隅っこにいて、もう体力がないから横になってごろ寝みたいにしていましたね。それでもまだ戦場ですから、いつ潜水艦にやられるか分からないわけです。助けた者の面倒なんか見ていられないですよね、みんな戦闘配置について、ぴりぴりしているわけです。

宮脇 このとき、何人くらい助かったのですか。

池田 いろんな船に助けられているのですが、450人くらいですね。僕のそばに矢矧に乗っていて助かった兵隊さんがいたので、「おう、君は大丈夫だったか」と一言二言、話して、もう疲れきっているからそのまま寝てしまったんです。昏睡状態。で、翌朝起きたら、彼は息を引き取っていたんです。冷たくなっているんです。そんな状態でしたね。で、戦死者は倉庫に運ばせて、倉庫に死体が積まれていました。

宮脇 海葬はしないんですか。

池田　そんなゆとりはないですよ。まだ戦場ですから、いつ空襲があるか、潜水艦、魚雷が来るか分からないわけですから。

宮脇　そのときは、艦隊を組んでいたんですか。

池田　僕はもうずうっと横になっていたからよく分からないけれど、あとになって聞くと、ともかく3隻は一緒に帰ってきたらしい。で、先端をやられた涼月《すずつき》というのは行方不明ということになっていましたが、結局は後進で、数時間後に佐世保に帰ってきたんですね。

宮脇　それで、池田先生も佐世保に着いたわけですね。

池田　そう、佐世保に着いた。それからがまたね、大変なんですよ。なにしろ、戦場の情報はすべて軍事機密ですからね。秘密が漏れてはいけないというわけで、佐世保の対岸の横瀬というところに、収容されたんです。

宮脇　隔離されたわけですか。

池田　僕は、顔を大やけどしていたので、一応そこで、部下は何人生き残ったかというようなチェックだけ受けて、海軍病院に運ばれてしまったんですけれどもね。もう、艦には大勢の戦死した人が積まれているんですよ。その遺体を陸に上げるとき、釘ダルという工具用の樽があるんですが、その釘ダルの中に、死後硬直しているのを無理にまげて小さくして入れて、それで運び上げたのです。というのは、うっかり棺桶なんかの格好にして運んだら、すぐ戦死だと分かってしまうでしょう。だから、物資を輸送しているような形で、全部釘ダルに入れるという指示があったんです。僕は直接やらなかったけれども、矢矧の生き残りの同僚たちが、釘ダルの中に詰めたそうですよ。

戦場で得たもの、それは人間力

戦闘記録に現れた自己管理力の成長

池田　二度目のレイテ沖海戦で、矢矧は中破しながらも生還するわけですけど、そのときに僕は自分で面白いな、と思ったことがあるんです。僕は矢矧の航海士でしたから、常に船の位置を計測して把握し、それに基づいて運航記録を書くのが仕事なんですけれども、戦闘の最中には戦闘記録を書くのも重要な仕事だったんです。敵と対峙しているとき、とくに攻撃を受けながら、様々な状況を判断して行動しつつ記録を書くなんていうのは、もう本当に大変なんです。とにかくドンパチやっている中で書かなくてはならないから、メモみたいに書き留めておいて、それを司令部に出すわけです。そして戦場を離脱してから改めて整理するんです。

それが初戦のマリアナ沖海戦のときには、自分の戦場記録を見直すと滅茶苦茶なんですね。自分では冷静に書いたつもりなのですが、同じことを二度書いていたりする。それから誤字脱字がひどい。

宮脇　それは仕方ないでしょう。

池田　いや、自分では冷静に書いたつもりが、まるで上がっていたんだなあ、と分かるんです。それを清書していて、僕はものすごく恥ずかしい思いをしました。なんと思慮が足りないことかと、すごく思ったんです。

ところが、二度目のレイテ沖海戦のときは、それからわずか4カ月後のことでしたけれど、はるかに落ち着いているんです。矢矧は大勢の戦死者も出て、艦もやられて一時沈みかけたのを応急処置で何とか持ち直して、戦闘はずっと激しかったのだけれど、レイテを離脱してから戦闘記録を見たら、誤字脱字が一つもないんです。

宮脇　それだけ経験を積まれて、上がらなくなったんですね。

池田　自分なりに、意識していたんです。誤字脱字はいかんと。それだけで、もうきれいにちゃんと書いてあるんです。それで、ああ、そうかと思ってね。それがものすごく自信になったんですよ。

宮脇　それが平常心というのでしょうか。

池田　いくら修行してもなかなかそうはいかないんだけれども、一つの戦場で体験して、自己管理について得心するとこんなに違うんだというのは、記録を見て分かったんです。

宮脇　命をかけてやっているというのはやっぱりすごいことですね。

池田　それからすごい自信を得てね。最後の沖縄特攻作戦のときは、もう状況を非常に冷静に客観的に見ているわけです。ですからいろんなことがよく見えて、指示もきちんと出していける。このとき、矢矧は攻撃を受けて沈没するのですが、最後の沈む瞬間まで、ずうーっと、まるで映画を見ているような目で見ているんですよ。その間、ほんのわずか、一年足らずのことだけれども、三つの海戦を経て、青年の精神的なものが、ああこんなに成長するかというのを自分で驚いて、それは強烈に残っているんです。

宮脇　その修羅場を切り抜けて来られたというのはすごいことですね。時の運というのもあるでしょうが、運も力、能力の内と言いますからね。それだけの戦場を経験されて生き抜いてこられたというのは珍しいでしょうね。

池田　クラスメイトに限って言えば、三つの海戦を経験して生き残っているのは僕一人です。一緒に船に乗った仲間はみんな全滅しているからね。そして最後の沖縄特攻に出るのは、大きいのは大和と僕らの艦、矢矧しか残っていなかったわけで、僕は矢矧に乗っていてたまたま助かったということです。

宮脇　とにかく、人間は限界状態を経験して成長していくんですね。

池田　マリアナのときは全然ダメで、敵艦が遠くて当たってもいないのにやたらと大砲を撃ったりして、無駄弾をいっぱい使っているんだけれど、レイテのときはもう、格段に違うんですよ。確実に当たるというところまで来なければ、絶対に撃たない。撃つのは必要なときだけ。何度か現場を経て、ある体験を乗り越えると、驚くほどぐっとレベルが上がるんですよ。

だけど、大体初陣のときは、それぞれの兵隊さんは優秀でも艦に慣れていないから、そこでやられるんです。だからもう、出来たてほやほやの空母大鳳もそうだったし、それから空母信濃というのは、大和、武蔵の次の3番艦でしたが、これもやっと出来てドックを出て回航途中に潜水艦にやられるんです。実際に出来たての一番新鋭の艦は、乗組員の訓練ができていないから逆に非常に危ないんです。けれども、一度危機を乗り越えると、ぐーんとレベルが上がるんですね。もう目に見えて乗組員の練度が上がるんです。

2戦目、3戦目はもう、本当に大したものですよ。とくに矢矧はすごかったんです。普通だったら数分で沈むくらいの爆弾を受けているのに、2時間以上もってね。応急措置が良すぎて、なかなか沈んでくれない。でも浮いているかぎり相手の飛行機が来ますからね。

人の上に立つ者の覚悟

池田　それから、これはもう、兵学校に入ってからずっと考え続けてきたことだったんですけれど、「俺は切腹できるのかな」ということが、最大のテーマでした。海軍兵学校を出れば、その途端に指揮官になって、部下を持つわけです。指揮官は部下の命を預からなくてはいけない。自分の判断如何で部下を殺すことにもなりかねないわけです。だから、責任をとらなければいけないときは、いつでも切腹ができるくらいの気概でなければ、戦場の中で部下を冷静に指揮することなどできない。

大方は自分より年上の部下ですからね。しかも技術はずっと彼らの方が上で、そういう中で刻々と判断ができるというのはどういうことだろうと。だからともかく、俺はいつでも切腹ができるんだという確信がもてれば、それができるはずだと思ったのです。

昔の武士はみな、15歳になると一人前になったとして、切腹の儀式を教わるということを聞かされているし、実際、事実として大勢の人が切腹しているわけですよ。

宮脇　史実ではそうですね。

池田　だから、少なくとも士官として、それくらいのことができなければ資格はないと考えたわけです。けれど、自ら切腹できるなんて、到底思えないですね。全然その自信がもてないんです。

ところがレイテのときに、敵の砲弾が命中して死傷者がそのへんにいっぱいになったわけですね。それで負傷者を運んだり、クラスメイトの遺体を処理したりするんですけれど、最後には飛び出した内臓を手で詰めたりしているんです。今までぴんぴんしていた人が、あっという間に、もう無残な姿に変わる。それが1回や2回ではなくて、艦の中で日常的に起こっている。生と死がもう紙一重で、いつ自分がそうなるかもわからない。そんな状態を常時見ていると、なんと言うか、俺もすっとこうなる、瞬間に死になるわけだから、そういうところでは生も死も変わらなくなってくるんですよ。

その瞬間に、ふっとね、ああ切腹できるなっていう感じになったんですね。瞬間にそう思った場面がすごく印象に残っている。

そうして切腹ができるという自信を持ったことと、それと同時に戦場の中で冷静にきちっと客観的にものを見る目が自分なりにできたという、自分に自信が持てたこと。それはこの三つの海戦を通じて、僕の人間的な成長を自分で自覚した貴重な体験でしたね。兵学校でいくら訓練をやっても、とっても切腹できるなんていう心理にはなれない、結局なれなかったですね。

宮脇　兵学校の皆さんは、皆そのつもりになっているのではないですか。

池田　さあ、どうでしょう。そういう話はクラスメイトもしませんし、まったく自分の内面的なことだから。こんなことを口に出したのは、実は今が初めてなんですけれど。やっぱり生死を超えた自信というかな、そういうものが確固として獲得できるまではなかなか自信を持って部下を指図することはできませんね。もちろん表面的にはどんどん指揮官として先頭でやるんだけれど、振り返ってみて、俺が本当にできるのかというのは、それまではとても自信はなかったんですね。

それがレイテの体験で、初めてそういう自信を自分で自覚したし、沖縄のときには、もう本当にさわやかな感じでそこにいるわけです。最後は特攻でしたから、やっとこれで死に場所が決まったという気持ちで、ハラが据わっていましたね。

宮脇　命がけというのは、自分がどう死ぬかという、死に方にかかわることでもあるんですね。

池田　そうそう、それはもう何があっても大丈夫だと、いつでも死ねると思ったら、全然違うんですからね。

人間性豊かな指揮官の下で生き残ってきた

池田　その点で、僕が恵まれていたのは、矢矧の艦長だった吉村大佐との巡り合わせですね。吉村艦長は、矢矧に来る前は駆逐隊司令としてガダルカナルの撤退作戦の大変な状況のところへ3回も行って、1万人以上の陸海軍の兵を乗せて、あのアメリカ軍の大攻撃の中をすり抜けて帰ってきたわけです。その作戦の司令官だったのが木村少将で、救助隊の活動を見事に成功させたんです。そういう司令官と駆逐隊司令が、新造艦の矢矧の司令官と艦長になってね、コンビで来たんです。

宮脇　同じ艦に乗っていたんですね。

池田　そう。だから、矢矧の狭い艦橋の中で、こっちに司令官がいて、そっちに艦長がいて、僕が航海士としてその脇にいたわけです。

宮脇　それは最高の、選りすぐりの布陣ですね。

池田　それはもう、すごくよかったんですよ。彼らはもう戦場は散々経験しているから、マリアナのときだって、レイテのときだって、ぽっと艦長の顔を見ると、艦長はまったく平気な顔をしてやっているから、こっちはすごく安心していられるんですよ。

ですから社長というのはそういうものですね。部下は経営が苦しいだろうと思って、皆社長の顔をうかがって見るんですよね。そのときに、絶対大丈夫だという自信を持った顔をしているのと、どうしよう、どうしようなんておたおたやっているのとでは、部下の動揺は大幅に違うんですよ。本当に能力を発揮するには、確信を持ってやらなければいけないですよ。

だから、長と名が付く人は、自分の命に代えても部下を守るという覚悟が必要ですよね。それは口先だけではなくてね。吉村艦長は、ひと言もそんなことは言わない、おくびにも出さない。訓示みたいなことは嫌いで、まったくしない人なんですよ。だけども非常に的確な仕事をしている。

宮脇　もともと無口な人だったのですか。

池田　それに、学校の成績もあまりよくなかったようですね。クラスメイトは少将になっているのに、本人はまだ大佐でしたしね。だけどね、戦場では成績なんてまったく関係ないですから。人間ですよね。そういうのは全部見えてしまう。

宮脇　そういう戦場の最前線のようなところで本性が発揮されるんですね。

池田　そうです。僕は直接見ていないんだけれど、僕らの兵学校の教官で優秀な人がいたんですが、その人が沖縄特攻のときに、ある駆逐艦の砲術長だった。ところが僕のクラスメイトが言うには、あの砲術長は号令を出せなかったというんです。ずうっと教官をやっていて、いきなりあの戦闘場面に出くわした、それはやっぱりダメなんですね。
宮脇 現場を経験していないからでしょうが、人間性もあるでしょうね。
池田 そういうのが如実に出るんですよ。
宮脇 それは戦争に限らないですね。生きものは厳しい条件を与えれば、本性を出すんですよ。条件のいいときは誰でも調子がいい、一杯飲みに行こうと言えば誰でも来ますけどね。これから3日間、休みだけれど俺も出勤するからお前も出ろと言ったって、出てこないのは大体ニセモノなんですよね。どこの世界でもそう。だけどそれが一番リアルに出るのはやっぱり、命をかけたときですからね。
池田 それは本当に、僕はいい上官に恵まれましたよ。
宮脇 やはり吉村大佐が一番ですか。
池田 吉村大佐もですが、尊敬するのは木村司令官と、矢矧の航海長だった川添航海長。この3人が本当に素晴らしい人たちでした。
宮脇 そういう人たちに恵まれたから、生き残ったのですね。
池田 最後のときの艦長、原さんも素晴らしいんですよ。原さんは吉村艦長と違ってよくしゃべる人だったけれども、実行もするわけです。それで、沖縄特攻のときに、唯一矢矧だけが行なったことが幾つかあるんです。

その一つは、戦闘で被害が発生したときのための応急処置用の材木を甲板に上げさせたことです。艦では応急処置をするときに材木でつっかえ棒をしたりして使うので、太い材木をいっぱい積んでいくんです。その材木を全部、甲板に上げさせて、それをスパニアンという簡単に切れるロープで結んでおけと言って、そういう用意をさせた。要するに艦が沈んだときに、浮いている材木に皆がつかまる、そういう用意をしたのは、作戦に加わった10隻の艦の中で矢矧だけだったのです。

宮脇　池田先生もその丸太につかまって生き延びたんですか。

池田　いやあ、それがね、丸太は後ろの方の甲板にあったんです。ですから後ろの方の人は丸太につかまっていた。僕は艦橋配置だったんだけれども艦の前の方だったから、その丸太にはつかまれなかった。

それから、食料も通常は、大体二十数日間分のお米や野菜などを積んでいるわけですが、沖縄出撃ということで、これは特攻だから、もうわれわれは5日分もあれば十分だと。それで残りを全部陸に上げて、徳山で燃料廠に寄贈しているわけです。本当に特攻のための態勢をすっかり整えて準備していたんですね。それを僕はそのとき知らなかったのですが、あとで甲板士官に聞いたらそういう指示だったという。これは、さすがだなと思いましたね。

宮脇　艦長の判断ですか。

池田　はい、艦長の判断ですね。それだけのことを全部判断して、特攻に対する姿勢も明確だしね。この原艦長もそれまで水雷戦隊の司令をやったり、駆逐艦長をやったりして、開戦以来ずいぶんあちこちで経験をしておられる。戦艦はほとんど動かないで、必要なときだけ動くが、水雷屋なんていうのは、駆逐艦とか小さい艦の艦長がやるから、とにかく小間使いみたいに走り使いにされるんですよ。

宮脇　一番危ないところへ行くわけですね。

池田　艦隊の先頭で危ないところへどんどん行かされるし、大きな艦が沈みかけると、まずその救助に行かされる。とくに二度目のレイテのときは重巡クラスがずいぶんやられたんです。その救助に、僕らの第10戦隊の駆逐艦がたくさん行っているのですが、全部もう、行方不明ですよ。要するに、主体は引き上げてしまった。そのあとで救助活動をして、単独で帰ってくるところを皆やられてしまったんですね。

宮脇　帰りにやられたわけですか。

池田　われわれは本当にラッキーでね。敵がおとり艦隊の空母主体の小沢艦隊に引き付けられている間に、わずか2、3時間の差でわれわれは航空機の攻撃を受けずにサンベルナルジノ水道という狭い水道を一列縦隊で通って、そこへ転進命令が来て帰ってくることができたんです。いずれにしても、砲撃を受けて中破状態でしたから、よく帰ってこられたと思いますけれどね。

宮脇 そして矢矧は沖縄特攻へ向かう途中にとうとう沈むわけですけれど、最後に2時間半も頑張ったというのは、魚雷、爆弾の攻撃をかなり受けたのですか。

池田 そうです。軽巡の矢矧が最後の攻撃を2時間半も耐えていたのは、奇跡に近いことなんです。最終的には爆弾を11発、魚雷が7本かな。それでも沈まないんですからね。これはいかに応急措置がいいかということの現れなんです。肝の据わった艦長以下、乗組員の結束も見事で、ものすごく応急訓練ができている。もういかに、矢矧の訓練が行き届いていたかということですね。これは特筆に価するんです。アメリカの、矢矧や大和を攻撃した方の飛行機乗りが、「矢矧は戦艦並みのしぶとさだった」と言っています。

宮脇 最後の原艦長は矢矧とともに殉死されたんですか。

池田 いえ、生き残っています。吉村さんも、原さんも、戦後も活躍されています。

宮脇 当時は、艦と艦長が運命を共にするということはなかったんですか。

池田 もう、そういうことは反対でしたね。

宮脇 そうですか、そうしなければ、誰もいなくなりますからね。

池田 人材を失う方がはるかに損失は大きいんです。

宮脇 ミッドウェイ海戦で総員退艦命令を出して自らは自艦飛龍と運命を共にされた山口

多聞少将の話は有名ですが、いつごろからそういうことはなくなったんですか。

池田 レイテの頃にはもう、そういうことはない雰囲気でしたね。結局、山口多聞さんのような人材がいるか、いないかというのは、戦局にとって大きいんですよ。ああいう人材がいなくなってしまうと、本当に後が大変なんです。生き残っていたら、ずいぶん違っていただろうと思うのだけれどもね。

命を捨てる覚悟

宮脇 それで池田先生は、終戦はどこで迎えられたのですか。

池田 沖縄特攻で矢矧が沈んだので、僕は乗る船がなくなったわけですね。それで次の辞令というのは、潜水学校の教官なんです。僕は潜水艦に乗ったこともないのに、なんでだろうと思いながら行ったところは、大竹潜水学校という広島から30キロくらいのところにあった海軍の潜水艦の基地でした。行ってみたら、潜水学校には僕のクラスメイトもいたんですが、そのクラスメイトは潜水艇乗りのプロになるための学生として来ていました。

僕が指導する学生は予備学生といって、旧制大学や師範学校から士官になるべく志願してきた学生たちでした。僕が行ったときは２００名ぐらいの学生がいましたが、そのときにはすでに教育と言っても、実は特攻隊の、要するに特殊潜航艇の隊員養成なんですね。もちろん彼らは全然知らないで海軍予備学校に入って、潜水学校に来ているわけです。彼らを訓練するといっても、船に乗ったこともないような連中を訓練するのに、乗せるような潜水艦も船もないから、兵学校の訓練とほとんど同じようなごく普通の陸上の訓練をするわけです。棒倒しや体操で体を動かしたり、座学をやったりしていたわけです。僕らはそういう訓練はもう慣れっこだからいいんですけれど。

宮脇　もうそのときは、戦況はよくなかったわけですよね。

池田　もう、大和も沈んでしまって、日本の海軍は全滅しているから、本当に特攻隊しか打つ手はないんですけれども、それにしても、いまさら特攻隊といったってどうにもならない。僕らはすでに、マリアナ、レイテ、沖縄で散々な目に遭っているから、いちばんよく分かっているんですよ。だから参謀連中は一体何を考えているんだ、という感じだったんだけれども。

そして1カ月経ったところで、特攻隊を志望するかどうか、というアンケートを取るんです。一晩よく考えさせて、翌朝書類を集めるということなんですけれども、その晩はシーンとして何ともいえない雰囲気でしたね。それで翌朝、アンケートを集めたときに、「ノー」と言ったのが3人いたんですよ。僕が「なぜノーなんだ」と聞くと、そのうちの一人は「私は理科で、科学の方で御国に尽くします」ということでした。それは非常にはっきりとした答えだった。その3人は即日、荷物を持たせて家に帰したんです。

宮脇　そうですか。当時、若くてもそういう人がいたんですね。

池田　それで、残りは自ら特攻隊を志願したという形式で、特攻隊要員として訓練して、そのまま終戦を迎えたんです。

宮脇　とにかく、戦況というのは国内では全然、何も流れませんでしたからね。

池田　なかったですね。だけど、僕自身は実態をよく知っているから、むしろ彼らがなるべく失望しないようにと思って、明るく振る舞ったんですよ。

宮脇　マリアナとかレイテとか沖縄とかの話は全然しなかったわけですね。

池田　それはもう全然しない。

宮脇　残った人たちは、自分の命を国のためというか、国民のために捧げる、と決意していたわけですね。

池田　覚悟を決めたわけですね。戦後、そのときの仲間が集って、大竹の竹と潜水艦の潜をとって竹潜会という同窓会をしているのですが、その席に僕も呼ばれるんですよ。そこで僕は、あなた方は戦争に行かなかったけれど、命を捨てるという覚悟を本気になってしたよね。それは人生にとってとても大事な経験だ、という話をするんですね。

宮脇　確かに、それはすごいことですね。池田先生がおっしゃる生死を越えたところまでいくには、いっぺん命を捨てるほどの覚悟を伴う、本当の現場に接しなければならないのでしょうね。そういういのちに対して本気で向き合うという教育が今、行なわれていないんですよ。だから簡単に人殺しをしたり、自殺したりするんですね。

私たちは国内外で額に汗して、全身を使って、未来志向のいのちの森づくりを行なってきましたが、真剣にいのちに向き合う体験をすると皆さん大きく変わっていくんです。今の若い人たちには戦争でない方法で、必死になっていのちに向き合う体験をしていただきたい、これを伝えていくこともわれわれの使命だと切に思いますね。

Ⅳ 次世代への伝言

全国各地で植樹指導を続ける
宮脇昭氏。

長崎県大村湾に面した邦久庵（池田邸）にて。
（写真提供：相原功）

自然の摂理を敬い、従うこと

物事を総合的に見る力を養う

池田　宮脇先生のお仕事の素晴らしいところは、自然の摂理というものを非常に敬ったやり方をしていらっしゃるというところですね。山の神様、木の神様、水の神様という、自然を神にする日本の文化の原点みたいなものを感じさせてくれるんです。それはもう本当に自然の摂理に従った研究ですよ。今の研究者の中には、それを超えて、神様の領域に土足で踏み込むようなことをやろうとしているのがいっぱいいるんです。

たとえば、素粒子の世界なんか畏れを知らないというかな。遺伝子の組み換えなんて、そこまでやるのなら、神様のお許しを得るような畏れを持ってやらないとね。それは斎戒沐浴して、お許しを得てやってほしいわけですね。それを、自分の研究の成果だ、誰もやってないことをやっているんだというようなことで、いじくり回されたら、本当にいのちはダメになるんですよ。これは近代文明の行き着いた一番の崖っぷちだと思いますね。

宮脇　神様というようなことを言うと、古くさいとか、そんなことあるもんかと思われるかもしれませんが、究極的にアインシュタインをはじめ、世界の優秀な科学者も、最後はそこに行き着いていますね。

私は意識的に現場を大事にしてきました。自然の一員として、また人間の生物的な本能で森を見ることができて、それが幸いにも今では成功してきているということです。生物は、もちろん人間を含めて、物質循環のシステム＝エコシステムの枠の中でお互いに競争し、我慢し、共生しています。その結果、それぞれの生物にとってのエコロジカルな最適条件は、生理的な欲望がすべて満たされる最高条件の少し前の、やや我慢を強いられる状態であって、それが長いいのちの歴史の実態なのですが、その枠を超えたときには、自然からしっぺ返しを受けるんですね。

池田　そう、本当にそうですよ。宮脇先生のお仕事は、もう根底がそこに行き着いているから、僕は読んでいてもすごく気持ちがいいし、教わることが多いし、深く共感するんですよ。

宮脇　今から40年前に『植物と人間・生物社会のバランス』を出版したときには、出版社にこういう植物をタイトルにした本は絶対売れないと言われたんですけれど、池田先生は、ご専門とはまったくかけ離れた、ちっぽけな私の新書本を丁寧に読んでくださった。そして

40年後の今でも覚えてくださっているんですね。

池田 日本の文化には自然の摂理を畏れ敬うという根底があるんです。伝統的なものには共通して自然と一緒に生きているという根底がある。

宮脇 それと同時に、日本人は本来、物事を分析的に見るのではなく、総合的に見ていました。それは非科学的ということではないのです。18世紀にリトマス試験紙ができてpHを測ることができるようになり、温度計ができて温度が測れるようになって、それ以来、測れるものが科学・技術の対象となったわけです。そして計量化できないもの、あるいは経済的に評価されない、金に換算できないものは非科学的で、科学の対象でないように言われてきた。そういう考え方が19、20世紀の主流だったわけですね。しかし私に言わせていただくと、現代の科学・技術はまだまだ不十分で、21世紀はもうそろそろ個々の分析を集積して、その背後のコンピューターで計量できない事象も見抜き、それらを総合していく時代にならないといけないんです。だけど、いまだに分析科学だけが最先端のように思われているんですね。

池田 宮脇先生のおっしゃる潜在自然植生は見事に総合的な発想ですからね。

いのちは人間にはつくれない

宮脇　生きていない、死んだ材料を扱う場合は計算機、コンピューターを使えばほとんどできるのでしょうが、生きているものはそういうわけにいかない。これだけ科学・技術が発展している現在、細胞一つくらいはつくれそうなものですけど、できないですね。

池田　本当にそうですね。自然というのはもう神様のようなものですよ。われわれ人間がどんなに七転八倒したってできない。

宮脇　当分無理ですね。

池田　また、それはやってはいけない、ということでもあるんですね。神の領域に人間が入りこんではいけないのです。そんなことをするから、おかしくなるんですよ。

宮脇　バイオテクノロジーというけれど、それはそこにあるもの同士の中でのやりとりはできても、つくることはできないですからね。死んだものを生き返らせることもできませんしね。

池田　だいたい素粒子の世界に科学が入りこんだあたりから、怪しくなってきた。あれで原子爆弾だとかなんとか、もうほとんどの人にはわけが分からなくなっていますよね。

宮脇　人間が自分では管理できないことをやってしまった、限度を超えて踏み込んでしまったんですね。

池田　そう。だからもう、携帯電話も自分では修理できないですからね。昔は車だって、機械というのは僕らで修理できたんですよ。今はわれわれの身の回りの物がどんどんブラックボックスになっている。

それからおびただしい化学物質が食品の中にまで入りこんでいるでしょう。しかも、自然界にない化学物質なんですよ。

宮脇　自然界にはない、というところが大きな問題を招きますよね。

池田　そういうことを人間がやっているからね。要するに、自然に対する畏怖、畏れ敬うという日本の文化が軽んじられているんです。一本の木だっていのちがあって、精霊が宿っているとされてきた。老木というのは、もう人間の寿命よりずっと長いいのちを生きている。そのいのちを敬って、注連縄《しめなわ》を張って神木としてきたわけですね。まさに木は神様なんです。いのちは神様なんですね。

そういういのちを敬うという思想は、近代科学にはないですからね。それを生態学とか言って分かったような気になったら大間違いですよ。それは神様の秩序のほんの一部を理解させてもらって、僕らはその秩序に従っていくべきことであってね。

宮脇　森づくりでも、私たちが１７００回成功している植樹法を、林野庁で「宮脇方式」

の森づくりと言ってくださるから、「いや、そうじゃない。何千年も何万年も続いてきた自然の姿を、私は現場で調べて、それのコピー、真似をしてるに過ぎないんです」と言うのです。40億年の長い時間をかけて続いてきたシステムの枠を超えたことをやって長持ちするはずはないんです。自然のシステムは限りなく自ら自立していっているわけですからね。

文明は普遍、文化は土着固有

宮脇　今、池田先生は日本の文化、というお話をされましたが、ドイツ語では文化と文明は、Kultur（クルツール）とZivilisation（ツィビリザチオン）といって、まったく違うものなんですよ。日本語では文明文化と言うでしょう。科学と技術もナカグロの点を入れる、入れないともめていますが、ひとくくりにして言われますね。英語やドイツ語でははっきりと違うんです。

池田　僕もそれについては同じように考えていました。

宮脇　クルツールというのは土着のもので、その場所にしかないのです。

池田　それが文化ですね。

宮脇　そうです。で、文明というのは、これは、レントゲンも原子爆弾も世界的に共通で、場所によらず確立化されたものですね。そういう違いがあります。

池田　その文明と文化のお話は面白い。僕もこの違いについて考えていたんです。今、宮脇先生が言われたように、文明は普遍性があるもので、画一化している。だから日本で開発したものをアメリカで真似することができるんです。当然、逆の場合もあるわけで、そういう意味で普遍性があるわけですね。ところがそういう文明は、発達している方がパワーを持つから、持っている方と持っていない方で優劣がはっきりしている。太平洋戦争は明らかに、レーダーとか、VT信管など、文明的に優の方に対して日本が負けてしまったんです。

しかし文化というのは、土地固有のものだから、日本の文化も他国の文化も対等なんです。だから、違った文化のところに行ったら、郷に入れば郷に従えで、相手に敬意を払わなくてはならない。

それから文明というのは、ものすごくクリエイティブでなければならないから、創造活動というのが基本にあるんですね。ところが、文化は伝承なんです。親父の言ったことを伝承するのが文化です。こういうふうに全然違うものなんですね。

それから最も違うのは、文明の発達の原動力はなんと言っても欲望ですよね。一方、文化は足るを知る、ですね。欲望を抑えて、いかにして足りる生き方をしていくかということですから、これはまさに智慧なんですね。

こういうふうに見ると、文明と文化というのはすごく対比しているじゃないですか。どうしてこんなに違うかというと、近代文明の哲学はデカルトの「我思うゆえに我あり」という、人間中心の考え方が基本にあって、人間は神から選ばれた唯一のもので、動物なんかよりはるかに偉いんだという考えが根底にある。それに対して文化は、自然を神にしているんです。つまり文明と文化では、その根底になる哲学、ものの考え方が基本的に違っているんです。

〈文明〉	〈文化〉
普遍	固有
優劣	対等
創造	伝承
欲望	知足
人間	自然

では、日本語ではこの文明と文化というものをどうとらえて、どう使い分けているかと振り返ってみると、明治以来、文明的な面での優劣を克服するということに目がいってしまって、文化的な視点がおざなりになってしまった。先進国、後進国という言い方があるけれ

ど、そういうところに引っかかっているんじゃないでしょうか。どうも日本語では、文明と文化をごちゃ混ぜにしていて、明確に使い分けられていないように思いますけどね。

僕はこういう結論に達したんだけれども、ところがこういうふうに言っている学者が一人もいないものだから、これでいいのかなあと思っているんですけれどね。

宮脇 本当に、異分野の方からお話を承ると、まったく新しい発想が出てくる。今、池田先生の言われたとおり、確かに全部逆の概念ですね。

池田 そうなんです。これは本来、対立の概念ですよ。

宮脇 文明は能動的で、ある意味で動物的です。しかし人間は、自然に添っていこうとしたら植物に学ぶべきことが多いと思いますね。

池田 そうですよ。宮脇先生の本を読んで本当にそう思いました。人間は植物に学べば自然に還れる。

宮脇 伝承を大事にし、固有の技術、固有のものを活かしていく、ということがこれからますます大事になりますね。新しがりやで、ぽっと出てくるものはすぐダメになるんですよ。

池田 その通りです。

今、文化に根ざした行動が求められている

池田　僕は、戦後からしばらくの時期には、文明の発達ということを金科玉条のように思って突き進んでいたわけですが、いやそうではないと気が付いていくわけ。レイチェル・カーソンの『沈黙の春』などが出て警鐘が鳴らされて、公害などの環境問題やいろいろな心身の問題まで取り沙汰されるようになって、今まで機能性だとか、経済性とか、利便性とか、一生懸命やってきたことがどうも本質ではないのではないかと、思わざるを得なくなっていくわけです。

どうもこの道は違うぞ、と思ってから、悩みに悩みました。もう、数百人のスタッフを持った事務所になっているし、やっているプロジェクトは国家プロジェクトはじめすごく影響が大きいんですね。責任がものすごく大きいのに、これはもしかしたら間違っているんじゃないかと思ったら、もう大変です。これは何とかしなくちゃ、というので社内でも一生懸命に話をするんだけど、社内の人間もほとんど理解できないんです。

宮脇　戦後、そういう文化的な教育を受けていないからですよ。いわゆる戦後教育は文明的というか、物質的、計量的な考え方で押し進められてきましたからね。

池田　子どもの頃に、バチが当たるなんていう教育は受けていない世代ですものね。

宮脇　戦後、逆にそれはタブーだったんですよ。神というようなことは言えなかったんですね。

池田　そうですね。

宮脇　それぐらい教育というのは怖いんですよ。戦後占領下の教育では戦前の生活文化のようなものを徹底的に排除する教育統制が行なわれましたからね。

池田　本当にそれは大きいですね。

宮脇　日本人は、日本古来の文化の根のあるところに暮らし続けてきたわけですけれど、戦後、それが鎌倉の八幡様の大銀杏みたいに根こそぎやられてしまって、まったく新しいものが入ってきた。いわゆる文化人は皆それに対応して、昨日までのことは忘れたかのごとく押し付けられたアメリカの文明を受け入れてしまうんです。

私は以前、ある新聞社の国際的な地球環境賞の審査員をやったことがあるんですが、大学教授やマスメディアや社会的に偉い方など10人ぐらいの会議で、皆さんそろって、私はあの戦争に反対したと盛んにおっしゃったんですね。私は若造だったので黙って聞いていたのですが、最後に、「皆さんそういうことを言われるけれど、あの戦争当時は、やむを得なかったかもしれませんが、皆戦争を賛美していたのではないですか。反対しなかったのではないですか」と言ったら、皆黙って、シラケましたけれどね。

それぐらい、日本人というのは、いいか悪いかは別としましても、一人のテロ、暗殺者もなしにきれいさっぱりと、あっという間に過去を忘れてしまうことができる。で、忘れるときには日本人の根性、伝統、文化まで忘れてしまって、今のような状態になっている。人類文明の歴史からみれば、多分刹那的かもしれませんが、これほどモノとエネルギーが有り余り、人類が夢にも見なかったような豊かな現代に、動物の社会でもないような、親が子どもを虐殺したり、中学生が自殺をしたりする事件が起きているんですから。心の荒廃といいますか、生物としての生き方まで忘れられているわけですね。もっと言えば、いのちが無視されているんですよ。これはやはり、池田先生がおっしゃったように、ちょっと文化を忘れて行き過ぎたんですね。

池田 そうなんです。だから、僕はよく比喩で言うんだけど、分銅を付けたロープをこう振り回すと、どこへ飛んでいくか分からない、今はもうその遠心力がものすごく大きくなっていて、危険な状態なんだと。その遠心力をどんどん大きくしているのは文明ですね。そうした爆発しそうなものを抑える求心力が、文化だと。だから、遠心力が大きくなればなるほど、文化をよほどしっかり自覚して根付かせていかないとおかしなことになるよ、と言うんです。その文化が今、極めて脆弱な状態ですからね。非常に危険な状態に向かって日本は突き進んでいる、というのが僕の感じなんです。

宮脇　まさにそうですね。文明も大事だけど、文化の基盤のもとで回っていなければいけないんですね。

池田　そう。きちんとバランスをとらなければいけないんです。中庸は時の至れるものなりということですね。中国では紀元前何百年も前にそういう言葉を平気で言っているんです。足るを知るとかね。本当に大したものですよ。荘子なんていう人は、便利さを追い求めたら人間堕落すると言ってるんです。もう、紀元前200年頃のことですからね。

荘子が小川からバケツで水を汲んで畑に水をやっていた。そうしたら近所の農家の人が、荘子さん、そんなことをするより、釣瓶《つるべ》を作ってその先にバケツをつけてやれば簡単に水が汲めるようになるよと進言するわけです。すると荘子さんは、そういう便利なことをしたら人間は堕落すると。今から2200年以上も前にね、そう言っているんですよ。

宮脇　便利は反面、悪魔ですね。

池田　気を付けないといけない。

体で自然に触れる喜びから目も心も開かれていく

宮脇　地球にいのちが生まれて40億年、そして人類が誕生して500万年になりますが、そのうちの499万年以上の期間は、私たちの先達は森の中で猛獣に慄きながら、木の芽を取ったり若草を摘んだり、小魚を獲ったり海岸の貝を拾ったりして生き延びてきたわけです。人類の歴史のほとんどの期間、森と共生してきた、その遺伝子が皆さんのDNAに刷り込まれているんです。それが今私たちは、文明という幕の中に閉ざされて、画一的で非生物的な、たとえばペトロケミカル＝石油化学製品のようなものに覆われてしまって、人の心も麻痺しているわけです。

しかし私はもう何10回も経験していますが、たとえば大学卒で高層のオフィスで働いているような若い人たちでも、街を反っくり返って歩いているような人でも、何かの拍子に一度植樹祭に来て、実際に土や木に触れて汗を流して体で体験しますと、人がガラッと変わるんです。天候は準備できませんから、大雨や雪の中のこともあるんですけど、それでも1000人以上の人が来て、皆が夢中で泥だらけになって植えて、それで満足して帰っていくんですよ。独身貴族の女性たちでも、身銭を切って何回も来てくれます。会場が関西などの場合は、東京駅八重洲口から夜行の高速バスで出かけます。それで泥だらけになって植えて、また夜行バスで帰ってくる。それを生きがいにしていて、植樹祭があれば「また行きたい」と言う。そういう自然に触れて自分ができることをする、それで滅法ハッピーなんですね。

池田　なるほど。

宮脇　私は長い間、幸福とは、モノと金とエネルギーがたくさんあるということだと思っていたのです。ところが、そうではないということを目の当たりにするんです。ケニアの環境保護活動家のワンガリ・マータイさんにお目にかかったとき、「3000万本の木を植えてノーベル賞をもらったけど、実は農家のおばさんたちがこれだという木を植えていてあんまりうまくいっていないから、調査協力してほしい」と言われて、4回ケニアに行きました。

ご承知のように土壌というのは、岩石が風化してできた母材に赤い土壌は酸化鉄、黒い土壌は有機物が混じったものです。この赤いのと黒いのが一緒になった褐色森林土壌というのが日本などでは一番いい土壌なのですが、ケニアの土壌は熱帯テラロッサといいまして、酸化鉄で真っ赤なんですね。高温多湿ですから有機物の分解が早くて黒くならないのです。それが雨でぬかるんで泥だらけなんですよ。植樹祭では皆びしょぬれ、赤土の泥だらけになって一人が10本20本と一生懸命に植えた。まあ、作業が終わったらすぐに乾くからいいというようなことで植えたんですけど、もう汗とぬかるみで中から外からびしょ濡れでした。

池田　温度は暖かいんですか。

宮脇　ケニアのナイロビの近くで、赤道直下ですから、気温は高いんです。

池田　じゃあ、むしろ、濡れている方が気持ちがいいと。

宮脇　気持ちよくはないですけど。でも植樹の作業が終わると、女性や子どもをはじめ住民のみなさんが輪になって手をたたいて踊りはじめ、底抜けに明るく楽しそうで、皆ベリーハッピーなんですよ。私は、幸福というのはどういうことだろうとしみじみ思いながら、彼女らの幸せそうな顔を見ていました。

経済的には豊かになった日本では、聞くところによると亭主が働いているのに奥さんたちが高級ホテルに集まって私は不幸だ、不幸だと飽食しながら言っているというわけですね。さて、どちらが幸福なんでしょうか。

私はやはり、真の幸福とは今を生き生きと生きていることであり、あれがダメ、これがダメと引き算しないで、未来志向で、その日その日を自分の知恵と体を使って前向きにできることをしながら生きるということ、それが真の幸福だなということを、この年になって改めて赤道直下のアフリカのケニアで泥だらけになって森をつくりながら、ネイティブの皆さんから学びました。とにかくブラジルアマゾンのベレン近郊でも木を植えている子どもたちの目がすごく輝いている。半分寝たような目で塾に通わされている日本の受験生とはまるで違いましてね。本当にベリーハッピーなんですよ。

池田　そうですか、物質的な豊かさと、幸福感とは別物だということがよく分かりますね。

宮脇　今私たちは、人類が夢にも見なかったモノとエネルギーの有り余った、物質的には素晴らしい人工環境にいるわけですけれど、その中でこそ、もう一度、自然の一員として、生態系の中で森の寄生者としての立場でしか生きていけない、この冷厳なる人間の実態、その姿というのを、見直すべきじゃないですか。そして建築の場合も、もちろん利便性も経済性も大事ですが、同時にわれわれは自然と共に生きているんだということを思い返して、生きものとして持続的に生きられる生存環境、心も体も豊かに子孫が増えて、幸福に生活していける環境、人間しか持っていない知性、感性が維持できる環境、そういうものを目指していただきたいですね。そして次の世代に退化しないところでバトンタッチする。使わないとすぐダメになりますから、手も足も体も心も皆、使いこなすことですね。

鎮守の森こそ日本古来の宝物

鎮守の森は日本の森の姿

宮脇　日本人も縄文時代後期から弥生時代に火を使うことを覚え、森の中での狩猟採集生活から焼き畑など農耕生活に移行し、次第に森を破壊していきました。二千数百年前からコメのなる草、イネの栽培が川沿いの低地で進むにしたがって、森はさらに破壊されてきました。4000年この方、日本人はこうして生活圏を広げ、新しい集落を開き、町を作って生活を営んできた一方で、そのために森を破壊したところに、必ず鎮守の森をつくってきました。鎮守の森は、集落の守り神である社殿の後ろ立てとしてつくられ、「森そのものに神が宿る」として祀られてきました。

草原から林内にまで家畜の放牧を行なうことによって、ことごとく森を破壊してきた世界各地の民族に対して、日本人は森を破壊して農耕地を広げ、集落や町を作る一方で、同時に必ずふるさとの木々によるふるさとの森をつくってきました。これは世界で唯一、日本人だけなのです。

実際に、鎮守の森は日本列島のどこへ行ってもあります。たとえば、神奈川県は、全国土の150分の1弱の面積に現在約900万人あまりが住んでいますが、かつて全県で鎮守の森が2850カ所あったんです。全国では18万カ所くらいはあったでしょう。

池田 そんなにたくさんあったんですか。

宮脇 しかし神奈川県の教育委員会の依頼でわれわれが3年かけて調査した1979年当時、すでに、土地本来の主木を中心に立派な多層群落を形成している手つかずに近い鎮守の森と言えるようなところは、神奈川県全体でわずか40カ所しか残っていませんでした。このような状況は全国的に見られます。

たとえば人間の体で言えば、ほっぺたは触ってもいい、多少ひっかいても大丈夫です。ところが目の中へは指一本入れてもダメになります。自然の地形、環境にもそのようなある程度強いところと、とても弱いところがある。海岸、湿原、湖沼などの水際や尾根筋、急斜面など、高波や津波でやられたり、また台風がくればやられやすいようなところには、昔から土地本来の森を残してきているわけです。それはある意味で昔の人々の経験に基づく防災の知恵でもあるわけです。ですからそれらの森が残っていれば、周りがセメント砂漠であっても、そこでは人間の影響をストップしたときの本来の植生はどのようなものであるかということが見られるわけです。しかしそのような潜在自然植生が顕在化している土地本来の植生が見られるような場所は全国を歩いてみても、もうほとんどなくなってしまっているのです。

そこで私たちが目をつけたのは、古い屋敷林や神社仏閣の境内の森など、意図的につくり、残されてきた古い樹林でした。われわれの先達は科学的な知見はなかったかもしれないけれども、生活の知恵として、また日本の伝統的な土着の宗教である神道、あるいは仏教も含めて、それらが自然を敬うものであったため、集落や町には守り神である神社やお寺を作って、それを森で囲んで聖地としてきたのです。そして、この森を伐ったらバチが当たる、この水源の森にゴミを捨てたらバチが当たるという宗教的なたたり意識で守り残してきたのが、鎮守の森です。

そこに神様がいるか、仏様がいるか、私はよく分からないけれども、この森を見ればそれがその土地の潜在自然植生を表しているのは間違いないと思いました。だから鎮守の森は、一方ではいのちを守る防災・環境保全林であり、生物多様性を維持し温暖化を抑制するエコロジカルな財産であると同時に、人の心を癒し、遺伝子を守る森であり、まさに日本人の心のふるさとなんですね。そして植物生態学的に見れば、その土地の科学的な緑の診断に使える、とても重要な意味を持つ森なんです。

われわれのいのちと心と、連綿と続く遺伝子を深く大きなところで支えてきた森、自然、そして神というような、人間の力ではすぐにはどうにもならないものに対する、ある意味で宗教的とも言える畏敬の意識が、時代とともに形骸化して、また意図的に葬り去られてきたのです。日本人は世界で唯一、鎮守の森をつくり、守り、残してきた。この日本古来の文化とも言える鎮守の森、地域の人たちのいのちを守る、神が宿る森をつくり守るというノウハウを、次世代につないでいけるかが、今問われているのです。

池田　宮脇先生が「鎮守の森」というキーワードをお使いになった一番はじめはいつ頃だったのですか。

宮脇　１９７４年に日本で初めて開催された、植生学と環境問題を主題とする国際植生学会日本大会で、私は潜在自然植生に関する研究を発表しました。そこで、実際に日本各地で人間の影響をほとんど受けずに見事な森として存在してきた具体例として、古くから集落の拠り所として民衆に慕われ敬われて守られてきた神社仏閣の森をあげて、日本ではそれを「鎮守の森」と呼び慣わして守ってきたことを紹介しました。日本の風土に適した立体的な姿を見せてくれる「鎮守の森」は、この国際シンポジウムで認められ、国際植生学会では「Chinju-no-mori after Miyawaki」として、その後ほぼ公用語になっています。ツナミと同じように、世界でそのまま通じるんです。

池田　それは学術用語としても通用するわけですね。建築設計の若い人たちもそこから学ばなければいけないですね。

宮脇　かつて森はいのちを育むゆりかごのような存在だったはずですが、農耕生活が行なわれるようになってからは、人類は自分たちの生活を阻む邪魔もの、ときには敵のようにさえ思って、伐ったり焼いたりすることによって生活圏を広げながら生き延びてきました。そして物質文明の急速に発達した近代に至っては、森のイメージはさらに変わり、それと共に自然に対する接し方も大きく変わってきたわけです。そうした傾向は、新しい科学や技術が発達するとますます助長されて、社会的な歯止めもなくなってきて、もう人間は何でもできると思っているわけです。これは、モノが非常に豊富でエネルギーが有り余った状態にあることと無関係ではなく、相乗的に肉体的にも精神的にも極めて危険で、不幸な状態になりかねないわけですね。

このような時代だからこそ、日本古来の智慧である鎮守の森のシステムを、世界に向けて日本人が発信するべきではないでしょうか。これまで私が国内外を含めて1700カ所で、市民の皆さん、各団体の皆さんと植えた4000万本の原点は、日本の鎮守の森なんです。その鎮守の森があまりにも失われているから、今ある鎮守の森を残すと同時に、新しい21世紀のいのちと心と遺伝子を守るエコロジカルな森をつくろうというわけですね。それを積極的に日本から世界に向けて発信し、土地に根ざした本物の森を世界中でつくっていただきたい。私も共につくります。そういう意気込みで頑なまでに森づくりをやっているのです。

日本古来の森に対する心を再発見すること

宮脇　鎮守の森というと、宗教的、歴史的なしこりを感じて嫌がる人もいるんです。とくに神様という言葉など、いわゆる進歩的な文化人からマスコミ、政治家なども本当に怖がって使いませんね。

１９７０年代のはじめの頃、まだ鎮守の森という言葉は敗戦後ほとんど使われていない頃のことですが、日本の代表的なある新聞社から取材を受けました。当時、日本で公害問題などが取り上げられはじめた頃で、若い論説委員の方が、私たちが新日鐵の大分工場に植樹してつくった森に関心を持って大分工場を囲む森の取材に来てくれました。そして、この森づくりは何をモデルにしたのかと聞くから、「近くの宇佐神宮や、柞原《ゆすはら》八幡宮の鎮守の森です」と答えました。そうしたら、「先生、鎮守の森というのはちょっと避けてください。その言葉には軍国主義のイメージがあるので」というのです。「何を言うか、鎮守の森と軍国主義となんの関係があるか」と大げんかになって、結局彼はその取材原稿は書きませんでしたね。ものごとの本質を理解することができれば、表面的なイメージにとらわれることはないはずなんです。

今私は、京都大学の上田篤さんが主になって活動しておられる、神社仏閣の森をテーマにした社叢学会という団体に加わっているのですが、しかしなぜそれを「鎮守の森学会」と言わないいか。みんな怖がってそう言えないので、知恵を絞って「社叢」、すなわち、「やしろのもり」と名付けたのではないかと思われるのです。

私は70歳を越してから『鎮守の森』というタイトルの本を書いたのですが、出版の前に「鎮守の森という言葉、大丈夫ですか」とたずねたら、出版社の出版部長が「どうぞ使ってください」と言ってくださって、それで初めて鎮守の森をタイトルに使ったんです（『鎮守の森』新潮社、2007年刊）。でも、今鎮守の森と言っても、ましてや宇佐神宮は神功皇后《じんぐうこうごう》を祀っているなんて言っても、若い人たちは何のことか知らないでしょう。

たとえば沖縄では、御願所《うがんじゅ》とか御嶽《うたき》といって、やはり聖なる森や祠《ほこら》がありますね。この間、名護の海岸の近くに森に囲まれた宮里の御嶽があるので久しぶりに行ってきましたが、名護市内の若い人たちに聞いても知らない、所在が分からないんですね。われわれはやっとのことで見つけましたけれど、大きなハスノハギリなどの老大木で覆われている立派な森でした。そういうものがあっても、今では地元の人もほとんど知らないんです。

戦後、宗教の自由ということが言われるようになりましたが、実態は宗教の無視ですね。

これは大変な間違いだと私は思います。日本はアメリカの爆撃で物質的な大損害を受けましたが、本当に何を奪われたのかというと、日本人の心、魂ですね。自然を畏敬し、ふるさとの森や山、川、海と共生しているという実感覚、さらには神や仏を敬う心を失ったんです。とくに戦後の占領政策による影響は大きいですね。これはなかなか取り戻せない。戦後60年経ってもいまだにまったく戻ってこないですね。

池田　そう。そういう心を取り戻すための本にしたいですね。

宮脇　1997年にアメリカのハーバード大学で「神道とエコロジー」という国際シンポジウムが行なわれました。私は宗教、仏教や神道には直接関係ないのですが、ファーストクラスの切符を送ってくれたから出かけて行きました。4日間の会議に世界中から450人くらいの神道学者が集まっていました。日本からも80人くらい参加していましたね。神宮皇學館の桜井勝之進さんはじめ、主だった神道関係者が来ていましたけれど、私は傍聴者としてじっと会議を聞いていました。

欧米の宗教家たちは、だいたい日本の神道なんて宗教じゃない、聖典もないし、八百万《やおよろず》の神と言って、あの森にも、あの古木にも神が宿るなどと言うが、そんなのは宗教とは言えない、宗教は一神教でないといけないと言うわけですね。だけど一神教のキリスト教やイスラム教は、自然を征服する対象とし、結果的にたった2000年で地球の環境をダメにした。

しかし原始的で宗教とは言えないとされてきた日本土着の神道は、鎮守の森を聖なる場として長年にわたって守り伝えてきたのです。そうして自然と共生して、自然の恵みを受けて生きるという、日本の土着の哲学、生き方を形作ってきたわけです。これを見直すべきではないかというのが、シンポジウムの最終的な結論のようでした。

このシンポジウムの席上、ナポリ大学の宗教学者の教授がやおら手を挙げ、「今の日本人は不幸である。津々浦々につくられて暮らしや心の拠り所とされてきた鎮守の森という、4000年来の歴史を持つこの日本特有のものが、ここ最近の100年足らずの間に政治的に悪用されたために、つぶされている。そして戦後は宗教の自由という名のもとで、日本人は鎮守の森も、神道の趣旨も、みんな忘れてしまった。4000年も自然、ふるさとの森と共生してきた日本人の叡知、そのフィロソフィーと生き方を見直すべきではないか」と発言したのです。

そして3日目の午後、私は「鎮守の森を世界の森へ」と題して特別講演を行ないました。その夜のレセプションで、日本でも有名になった『ジャパン・アズ・ナンバーワン』を書いたエズラ・ヴォーゲル教授がやおら私のそばへ来て肩を叩き、「プロフェッサー・ミヤワキ、私は今日、非常に楽しくなった」と言ってきたのです。彼が1979年に『ジャパン・アズ・ナンバーワン』を書いたときには、日本が世界でナンバーワンになるなんて、日本人は

「そんなことあるかいな」と言い、アメリカ人は「お前はちょっと頭がおかしいんじゃないか」と言ったそうです。ところがそれから10年足らずのうちに、経済的にもアメリカが妬みたくなるほど発展したわけです。「しかし今、バブルが崩壊して日本では政府も企業も、家庭の主婦までアリ地獄に入ったように後ろ向きでどんどん落ちている。やっぱり私の予想は間違っていたかと最近憂鬱になっていましたが、今プロフェッサー・ミヤワキの報告では750カ所で、日本の伝統的な鎮守の森をモデルにした21世紀のふるさとの森づくりを、エコロジーの脚本に従って市民が主役でやっているという。このノウハウを世界に発信すれば、日本は再び私の予見通り、ジャパン・アズ・ナンバーワンになるだろう」と言ってくれたのです。大変うれしくなったといって握手を求められました。

池田　そうですか。やっぱり分かる人は分かっているんだな。

宮脇　むしろアメリカ人など、よその国の人が分かってくれましたね。1997年当時、日本では鎮守の森といってもなかなか分かってもらえなかったんです。とくに本質を見抜けない、その場限りの扇動的な表現に終始している多くのマスコミが一番悪かったんですね。

池田　そうだ。僕らも随分叩かれましたからね。

宮脇　今では、鎮守の森と言っても、ほとんどみんなストレートに聞いてくださいますけれどね。

街にも、工場にもいのちの森を

宮脇　今では建築も都市計画も、死んだ材料を組み合わせる技術だけではやっていけない時代になっているのです。それに早くから気付かれて、自然のシステムを排除するのではなく、積極的に取り込んで建築、都市計画に使ってくださったのが、池田先生のお仕事だったわけですね。たいへん抵抗があったと思いますけど。

高層建築を作れば、建造物の間や周りに空間、隙間ができるわけですから、そこをまたセメントで封じ込めたり、つまらないものを植えたりしないで、市民のいのちを守り、心を支え、防災・環境保全機能を果たす、狭くても立体的な、街のシンボリックな森をつくればいのちが蘇るわけです。たとえ幅1メートルでも、空は無限に使えるんですから。鎮守の森にあるような、照葉樹林の主木である常緑広葉樹を植えればいいんです。それが成長して横枝がはみ出したら、多少の横枝は切っても、頭は切らないことです。照葉樹は根が深くまで張る深根性ですから、台風や地震、津波でもそう簡単には倒れません。その木の下は、いざというときの身の隠し所、逃げ場所としての機能も備えています。

ジョージア大学のフランク・ゴーリー教授やミシガン大学のW・ベニンホッフ教授が日本に来たときに不思議そうに言うんです。日本では常緑のシイ、タブ、カシ類が育つのに、なぜわざわざ外国からヒマラヤシイダやアメリカハナミズキなどの外来種を持ってきて画一的に街に植えたりするのかと。アメリカではドッグウッドなど、犬とか猫という名前の付いている木はろくな木ではないんですね。そのドッグウッドを日本に持ってきてアメリカハナミズキと名づけて、北から南まで画一的に植えているのを見て怪訝に思うわけです。

池田　そうですか、ハナミズキは設計屋が好んで使うんですけど、向こうではドッグウッドというんですね。

宮脇　北アメリカ東部のほとんどの地域は落葉広葉樹林帯ですから、落葉樹しか育たないんです。それで常緑の木というのは針葉樹のヒマラヤシイダくらいしか育たないわけ。それを真似て日本へ持ってきて緑化だなんて言うような、そんな小手先で化粧するような時代は終ったんです。もう本物志向の時代ですからね。

最近、生物多様性ということが盛んに言われるようになりました。日本では生きものの種類の多いことが多様性の豊かさを表すように考えているのか、種類の数ばかりを気にしますけれど、そうではないんです。ただいろいろなものがあればいいというのはなくて、本来あるべきものがそろっているということ、それが生物多様性の本当の姿ですね。

潜在自然植生に応じた土地本来の本物の森があれば、森の周りには林縁群落があり、その外側には草原もある。森から出た水が小川をつくれば、川沿いに湿原ができるし、海まで流れて行って、豊かな海の生物を育む。多様性というのは、そのトータルシステム、ダイナミックでバランスのとれたシステムの中での多様性でなければなりません。

また日本人は多様性のキーワードとして希少植物などを気にしがちだけれども、それぞれの地域本来の森のシステムをしっかりとさせれば、ほかのもの、植物も、動物も、微生物も付いてくるんですよ。希少種だけとりあげてそれを残そうなどというのは無理なのです。トータルシステムの概念を重視してほしいですね。

池田　それが本当のいのちの豊かさですね。

宮脇　われわれが不便なく生きてくためには、新しい技術を駆使して、都市計画でも工場計画でも、規格に則って進めなければいけない面はあります。死んだ材料で作る工場製品などでは規格から1ミリ違っても排除される。電気製品も車もみんなそうですね。ですが、せめてその周りは生物多様性に富んだ本当の生きた緑の構築材料を使いきって、時間的にも空間的にも、持続的に維持発展できる環境をつくって、バランスを取ることが大事です。それが21世紀の、いやこれから９０００年、一万年と続く、人間の生きる場所を豊かに支えていくポイントです。

都市の中や、せめて周辺の郊外にはアーバンフォレスト＝都市林をつくる、工場などにはインダストリアルフォレスト＝産業立地林をつくる、そして人と自然が共生していく。そういう森づくりを私は提唱してきたわけです。

日本の都市は国土の一部に集中しているわけですけれど、そこを低層の建物で平べったく使ったら木など植えるところはないことになりますね。そこへ池田先生は日本で最初に超高層建造物を作って、建物の隙間、空間を作ってくださったわけですから、それを活かしていただく。そういう意味で、これからの時代を受け継ぐ人たちには立体的な緑と共生する新しい都市計画に取り組んでいただきたいと思うんです。

高層建造物の周りの植樹スペースの幅は、理想的には10メートルくらいは欲しいのですが、5メートル、3メートルでもいい、たとえ1メートルでもいいのです。敷地の空間を立体的な森や小樹林で囲んで、中を好きなように使えばいい。地域全部を覆うことはできなくても、施設や建物の周りに従来の点の植樹から線へ、線から帯へというように樹林帯が広がっていけばいいんです。

とにかく、永久に管理費のかかる平面的な芝生などの単層群落だけではなく、立体的な多層群落をつくって、空をより有効に使ってくださいと繰り返しお願いするんですけどね。

本物を貫くフィロソフィー

命がけの体験を経て肝が据わる

宮脇　私は、幸か不幸か軍隊には行かなかったのですが、逆にそれゆえに、男が命をかけて戦ったという姿に非常に感動するので、戦記ものはたくさん読みました。しかしこれまで、実際に体験された方から直接にお話を聞かせていただく機会はなかったので、今回、池田先生に生の体験談を聞かせていただくことができ、生きるか死ぬかの狭間を生き抜いてこられたお話を伺って、そこに本物のいのちの尊さ、発露を見ることができた、という思いがいたします。人間が土壇場でどのように生き延びるか。理屈はいろいろ付きますけども、その中を生き抜いててこられた、これほどリアルな現実はございませんし、これほどの本物はないわけです。

そういう本物の命がけのお話を伺うと、少年時代から青年時代にかけてしっかりした根を育てておられるので、不幸な戦争の体験をプラスに受け止めることができて、それを経て、戦後の壮年時代に花開かせておられるのがよく分かります。戦場ではまさに、そのときまでに育んできた人間としての知性、感性、生き方のすべてがぎりぎりのところで試されるのですね。池田先生を拝見し、お話を伺っていると、若いときから本物志向でなければダメなんだということを、改めて感じました。

そういう修羅場を乗り越えてこられたからこそ、日本ではとうてい無理だと思われていた超高層ビルを完成させ、さらに建築の基本に経済だけでなく、いのちの視点を加えるようなお仕事をされてきたわけですね。そうした池田先生の命をかけた生き様、これまで生きてこられた八十数年をトータルに振り返ってみて、今どのように思っていらっしゃるか。率直に生のお言葉をお聞かせいただきたいと思いますが。

池田　これは言葉で言うのは難しいですね。たとえば、禅の僧侶が修行するのにわざと厳しい辛い環境に身を置く。つまり人間の修行というのは、身を傷めてそれに耐えていくというような、本当に肉体的な限界にも耐える精神力を極限まで鍛えるという、それくらいのことをしないと、なかなか物事に動じない、ちゃんとしたところへは行けないんですよ。

宮脇　それくらいでないと、本物にはなれない、ということですね。

池田　それは、普通に生きていたのでは、なかなかできないんだと思うのです。だから僧侶が修行をするとか、あるいはスポーツ選手が辛い練習に耐えていくというのは、意識的に自分の体を傷めてでも、それに耐える精神力を養おうとするわけですね。そういうことをしないでのほほんとしていると、いざというときに気が動転してしまって、適切な判断とか、基本的な人間としての作法をふまえたことができない、そういう弱味が人間にはあるんでしょうね。

宮脇　それが、最初の海戦のマリアナのときは艦隊同士の攻防戦に動転したけれど、体験を積んでいって、最後の沖縄戦の頃には非常に冷静に判断して行動することができたとおっしゃった、そこのところに通じるわけですね。

池田　そうなんですよ。もちろん修行してそれができるようになるというのはすごい、大変なことだと思いますが、それはただ修行すればできるようになるというものでもない。命がけというのは言葉で言うのは簡単なんだけど、本当に命をかけるという場面なしで、言葉でいくら命がけと言ったって、やっぱり分からないんですよ。

ですから、いくら戦場での体験を若い人に語ってもね、実際にどういうことなのかを理解するのは、とくに世の中が平和なときには難しいですね。そういう修行をするなら、よほど自分で意識して山奥へでも行って、辛いことをわざと作らないとできないですよね。

しかし、戦場に身を置くということは、否が応でもその体験をやらされるわけだから。それで死んでしまえばおしまいなんだけれども、しかし、生き残りたくて逃げて帰れば生き残れるというものではないのです。

宮脇　とくに船の場合には行き所がない。

池田　そう、逃げ道はないんです。だから絶体絶命なんです。僕の場合には、1年足らずの間に3回もそういう場面を体験することになったわけです。本当に、国運を賭した艦隊同士が対峙して、やるかやられるか、沈んだらそれでおしまいという瀬戸際ですよ。戦争が終わって今になってみれば、希有な体験をさせてもらった、ということですけれどね。

これは、僕の場合には自らそういう場を選んで行ったわけではありませんが、そこに至る巡り合わせというものがありました。僕は兵学校というところで3年間、そういう戦場へ赴く準備、訓練をしてきて、その中では実戦訓練もやりましたからね。それで戦場に配属されたわけですが、それでも初戦ではあれだけ上がっていたのですから、普通の生活から準備なしに、いきなり連れてこられてあの場面に放り出されたら、おかしくなるのは当たり前ですよ。たとえば赤紙で召集されたり、学徒出陣などでいきなり大きな戦場に遭遇してしまった方も大勢いらっしゃったんだけれど、そういう方たちの心境を察するに、本当に大変だっただろうと思うんです。

ところが、戦場を経るたびに、自分でもはっきり分かるくらい、冷静になっていくんです。肝が据わるといいますか。どんな場面になっても客観的に物事が見えてくるのです。戦場のぎりぎりの体験は、物事に耐える力を作るというのでしょうか。ああいう戦場を何度もくぐり抜けてくると、やっぱり人間が変わってきます。

宮脇　肝が据わるというのは、そういうことなんですね。今、そういうことを体験談として語れるという人は、もうほとんどいないのではないでしょうか。

池田　でも、それは同時に、自分は非人間的になっているのではないかという感じが一方ですごくあるんです。つまり、むごたらしい状況を目の当たりにしても平気になってしまうんですね。最初はもう血を見ただけで動転していたのが、人間がぐちゃぐちゃになっても平気で腸を手でつかんで腹の中に入れてやるというようなことができてしまうんですよね。戦争から帰ってからしばらくの間、俺の神経は少しおかしくなっているのではないかと、本気で心配したんですよ。

それがそうじゃない、大丈夫だと思ったのは、戦後3年くらい経った頃でしたが、渋谷のうちの近くで交通事故がありましてね。自転車に乗ったそば屋の出前が自動車にはねられたんですけど、それを見たときに、ギョッとして、ああいやだなという感じがしたんです。あれ、俺は正常だと、逆にそれでほっとしたことを覚えています。

戦後の一時期は、俺は血も涙もない冷徹人間になってしまったんじゃないかという恐れを持っていたのですが、平和になって3年経って、俺も当たり前の人間になったな、という感じでしたね。

宮脇　戦後にご自身の冷徹さを感じたのは、どういう場面ですか。

池田　そうですね。いやなこととか、人の悪口を言うなんていうことに対して、以前だったらムカムカして喧嘩ごしになっていたかもしれないけれど、もうそういうことがなくなって、ああ、彼らはそうかって、もう達観してしまったような感じがあったんですよ。不愉快に感じてもそれを感情に表すこともないし、いい意味では人間ができていると言えるのかもしれないんだけれど、感情というものがなくなって異常になってしまったのではないかと。まだ20歳代の前半の頃でしたからね。とにかく戦後は、異邦人の中にさまよっているような感じでした。そして俗世的なことは超越している感じが強くありましたね。だから、何事に対してもかっかするなんていうことはまったくないんですよ。

宮脇　そういう達観というようなお心になって、周りからなんと言われようと、誰もやらないような、またできないようなことに一直線に向かわれた結果、超高層建築を完成させることになり、ハウステンボスの設計のようなお仕事ができたのでしょうね。

本物の根元にあるのは確固たるフィロソフィー

池田　僕は、とにかく日本をなんとかしなければいけないという思いが強くあったんです。僕らは日本を守るために海軍に入ったけれども、それが守れなかったわけですからね。その責任はずっと感じていましたよ。戦後、日本はもう本当に惨めでしたから。その日本をなんとか再生させなければならない、建築に進んだのもその使命感があったからだったと思います。

宮脇　海軍時代に日本のために命をかけてやってこられて、その体験が戦後に活かされているんですね。

池田　そうですね、自分がどうこうしたいというのではなしに、日本の国をなんとかまともにしなければいかん。そのために建築をやるからには、国際的にまともな建築をしなければならないという気持ちで、もうそれでやってきたようなものですよね。

宮脇　そこが池田先生の本物指向が現れているところですね。特攻隊にいてぐれてしまった人もいますけど、使命感を持って本物を追求された。

池田　アメリカに負けたのも近代技術文明の、技術の差が大きかったのです。だから、超高層をやるまでは割合に目標が明確で、負けるものかと思っていましたね。そして僕がたまたま入った組織が古い体質だったから、この体質では近代建築はできないと思って、まず体質改善で足下の組織をもっといいものにしようというところから、宮脇先生のご本にも出会ったわけです。それで人間は自然の一部であって、植物と変わらないという、植物の世界も、人間の世界も同じなんだなという気付き、そういう視点が僕にはとても興味があったんです。何事も根本は同じ、一つなんだという観点ですね。僕はすごく、なるほどと思ったのですよ。

宮脇　『植物と人間』は私が最初に出した出版物ですが、本というものは、最初にきちんと書いたものが基本ですね。あとは何十冊、何百冊書いてもその亜流で、最初の枠組みの中で形を変えて展開していくだけです。先輩の先生方が書かれた本を見ても、みな最初の一冊がすべて根本を表していて、あとのは付け足しみたいなものですから。

池田　その基本になる、根元にあるものがフィロソフィー、哲学ですね。

宮脇　そうです、フィロソフィーですね。池田先生が子どもの時代から、あるいは海軍兵学校時代から、不幸な大戦を通して磨きをかけられて、その信念で今度はまったく違う分野の建築の方に向かわれても、やはり進むべき道、見るべきところは変えずにこられた。そこに信念を持って今日までやってこられたわけです。どうも日本人は、目先の都合に合わせて道を変えてしまう。フィロソフィーがない、小手先の対応ばかりなんですね。そういう点で、どうも日本人というのは中途半端ですよね。

私は雑草生態学から入って、今は森づくりが専門のように思われていますけれど、その根元は同じなんです。池田先生も、超高層建築をやられても、ハウステンボスを作られても、やはりその元になるフィロソフィーは一貫しているわけですね。場所に応じ、時に応じて身の振り方を上手に繕うようなのが多いけれども、魂を売ってはダメなんですよ。一つの基本的なもの、基本のフィロソフィーを押さえて、これだというところを徹底的にやる。それは池田先生も同じようにおっしゃっていますが、愛する人のため、日本のため、そして人類のため、ということですね。

池田　仰せの通りですね。

宮脇　私は人類を支えている最低限の生態系が維持できるシステム、そういうものをつくろうと考えて、植樹を基本として今日までやってきました。今考えれば、まさに本能的に、いちばん基本的なことをやってきたと思いますが、池田先生のお話を伺って非常に共感すると同時に、日本にこんなに素晴らしい人がいらっしゃるのに、それが必ずしも社会的に十分に理解されていないということに驚きます。いわゆる世渡りのうまい、その場その場で対応する人の方が、一時的にはよくもてはやされ、目立っているというのは非常に不幸なことだと思いますね。

読者の皆さんも、マスメディアの情報洪水に巻き込まれて、あくせくあれもこれもとやって、結局何も分かっていないということにならないように、いちばん本質的なものを読み切る力を養っていただきたい。

私は、池田先生にお目にかかったとたんに、生物的な本能ですね、すぐに本物だということが分かりました。先生の生き様を、昭和の生の歴史として残さなければいけないと思い、お話を聞かせていただけるようにお願いしたわけです。古典として、50年後、100年後にも通じるような、この道をまっすぐ行けば間違いないという道筋をつくっていただいたわけです。是非、日本の1億2000万人に、できれば世界中の言葉を駆使して60億の人たちに伝えたいと思います。

人間の生き方はいろいろありますけれど、あなたにしかできないことが必ずあるわけですから、それを中途半端にしないで、とことんまでやっていただく。命をかける気なら、時間に差があっても、100パーセントは無理でも98パーセントはできます。うまくいかないときは、手抜きしているか油断しているかです。これは私のささやかな人生訓ですが、そういう意味で、上っ面の批評や判断でなしに、生の現場を通して、生のいのち、その生き様と真摯に向かい合えば必ず道は開けます。

環境問題にしても、日々の日常生活から学校、職場で、本物の未来志向の生き方を一人ひとりが実践することが大事です。また集団としてであればさらに力は大きくなりますから、建築、都市計画、地域計画、さらには国土計画を通して総合的なシステムとして世界に発信していただきたい。そのためには是非、この池田先生の生き様、語られる言葉の中から、大事なポイントを読み取っていただきたいと思うのです。

池田　それは宮脇先生のお話もまったく一緒ですよ。宮脇先生の潜在自然植生のお話から、今の植樹を進めておられる実践まで、是非多くの方にご紹介しなければいけないと思いますね。

宮脇　私は今日まで生きものしか扱ってこなかった、しかも動く力のない植物の世界を対象にしてやってきたわけですが、生きものというのはひとつ違えば死んでしまうわけです。そういう意味で、生きている本物のいのちというのは本当にはかないものですが、その営みは古今東西、変わらないものであり、時間的にも空間的にも続いているものです。そういういのちの循環、生態系を取り巻いて大きく包み込んでいるものが環境です。人間も、地球規模の物質循環、環境の中で、あくまでも消費者、緑の植物の寄生者の立場で生かされている、というのが真実の姿です。そういうトータルシステムの中での科学であり、技術であり、ビジネスであり、生活でなければいけないんですね。

池田先生もまったく同じスタンスで、本物に直かに向き合ってお仕事をしてこられたということがよく分かりました。

池田先生と私は80年間の歩んできた道は違いますが、今考えれば、結果的には歩んできた方向は間違いなかったと思っています。富士山の頂上へ登る道はいろいろありますが、先生とはまったく真反対の方向から登っているようでも、目指すところは同じですね。

死んだ気になって本質に迫れ

宮脇 なにがより本質的で、未来志向で今すぐやらなければいけないことなのかということを見抜く、それがフィロソフィーの根元ですね。

池田 さらに言えば、今までやってきた自分の実績を全部ノーとして、新しいことをやる、それはすごいことだと人は言うけれど、間違っていると分かったら直すのは当たり前ですね。僕は全然そんなことに何の抵抗もなく、やるべきことをやってきただけです。

どうしてそういうことができるかと、考えてみたら、僕は一度死んでいたからだな、と思ったんです。結局、あの戦場でもう自分は死んだも同然なんです。そのあとのことはすべて余生みたいなものだから、何があっても全然平気なんですね。

あっ、これは間違っていた、やっぱりこうだと思ったら、すっとそれをやるだけです。だから僕のなかでは、なんの葛藤もなく、こっちだったと思ったから、方向転換しただけなんです。そのきっかけは宮脇先生の本だったわけですけれども。

宮脇　一度決めたことに向かって走り出してしまうと、なかなか別のものに共感して軌道修正するというのは難しいですけれどね。

池田　この世の中というのは随分変なところで、大体の人はそういうところにこだわるんだなあと、つくづく思いますね。肝心なところでもごもごと口ごもってしまうのは、やっぱり宮脇先生のように、腹の底からやっているのではないからですよ。いくら学問的には優れているといっても、それではダメですね。

宮脇　水はただのH_2Oだと思っているんですね。本物のいのちのある水は、森や生きものがつくるんです。それが分かっていない。いのちに対してどう行動するかという、根元的なフィロソフィーがないんですね。

池田　本当のいのちを生きるという、いのちを前に出して考えるということが今、あまりにも少ないんじゃないでしょうか。経済とか、そういうものが一番重要視されて、みんなお金で動く、お金のあるところに集まるということなんですね。そこのところをしっかり見ていないと、琵琶湖の二の舞になってしまうわけです。

宮脇　その話はすごく大切なところだと思いますね。自分の会社がコンペに入らないということは命取りのようなことだけれども、それとバランスにかけて池田先生はいのちを選択されたんですね。やっぱり確固たるフィロソフィーがなければできない。

日本人は、いざというときにちょっと逡巡するんですね。これは非常に残念な短所です。学会などでも、いろいろな意見が出てくると、いざというときに最後まで言い通せないんですね。選挙を見ていても、マスコミが騒いで盛り立てればそちらに入れてしまう傾向があるんです。私は、自分でこれと思ったところに対応しますけれどね。そういう意味ではどうも軽佻浮薄というか、そういう傾向が強いですね。やはり自分の信念で、これと思ったらとことんまでやっていかなければいけません。途中でやめたらアウトです。

一見つまらん雑草生態学というものから始めて、以来今日までこうして植物をテーマにして生きてきましたが、その間にいろいろ言われました。宮脇さん、木を植えることよりも、その結果どれだけ二酸化炭素が吸収されたのかを計算したり、そのための実験もいろいろやりなさいと。それが新しい学問になるのに、というわけです。でも、それは他のできる人がやればいい、俺は木を植える、と腹をくくっているのです。それを深めていって、とことんまで頑にやってきたから、誰も追従できないのであって、もしほかのことまでやっていたらここまでには至れなかったでしょう。

池田　それは宮脇先生のすごいところですね。

宮脇　日本人は、往々にしてそのとき、そのときを奇麗に渡りますからね。いわゆる頭のいい人、格好のいい人は奇麗に渡りすぎるんですよ。これと思ったら、必要だと思ったら、とことんまでやる。私はそれを愚直なまでにやってきました。池田先生は聡明な先見性を持ってやってこられて、そこがちょっと私とは違いますけれど、結果的には同じところへたどり着くのです。

池田　今、年間に3万人あまりの方が自殺するんだそうですが、もし自殺しようという人に言葉をかけるチャンスがあるとすれば、一度死んだつもりになってごらんと言いたいですね。自殺なんかするくらいなら、死んだ気になってやれば、まだいろいろなことが十分できるはずです。僕はもう戦争で一度死んだ、というのは実感ですから、戦後はどんな困難に遭遇しても、これで死ぬようなことはないんだから、と思っていました。極論を言えばそれで死んでも本望なわけですね。

宮脇　もう、ビクビクしなくなっているんですね。

池田　ですから社長からなんだかんだと言われても、クビになろうがなんだろうが、殺されるわけじゃないと思って、臆せず言いたいこと、言うべきことを言いました。

宮脇　それは死に直面したかどうかという、真の体験の差なんですね。実体験があったら一番強いですからね。

池田　だから自殺をしようと思う人にはいいアドバイスだと思うんだけどなあ。

宮脇　まず池田先生の話を聞いてからにしてくれと。自殺したい方はぜひこれを読んでください。

まず、体で体験することから

宮脇　人間は、生物学的には異常なまでに大脳皮質が発達して、ものを考えることができるようになった。と同時に、二本足で立つことで、両手が自由に使えるようになりました。初めは土を使って、それから石、銅、鉄と使いこなして道具にしてきましたが、今では原子力まで使って、モノやエネルギーを作りだしてきました。いのちのない死んだ材料を使って、一時的には月までも行けるわけですね。こうしてどんどん科学・技術が発達すれば、人間はあたかもなんでもできるような錯覚に、ついとらわれているんです。

しかし、今のどんな科学・技術を集めても、どんなに医学が進んだと言っても、地球人口は今68億人ですが、その誰一人として、１０００年はおろか、３００年、いや２００年とて生かすことはできませんね。生化学、分子生物学などのバイオテクノロジー、生物学的技術の粋を集めたって、一本の雑草、一匹の虫けらでも、死んだものを生き返らせることはできません。いや細胞一つも、DNAひとつでさえも、つくることはできないんですよ。今の科学・技術はいのちに対して、またそれを支えるトータルな環境についての解明もまだ極めて不十分なんです。

池田　その通りですね。

宮脇　確かに科学・技術の発達によって暮らしは便利になっているわけですが、その結果として、今では子どもの頃から作られた新技術情報システムの塊みたいなものの中で育っている。ボタンを押せば好きなものがすぐに出てくる、殺してもリセットすれば生き返る、というような、バーチャルな世界で生かされているから、生のいのちの尊さ、はかなさが忘れられていくわけです。

世の人は、一時代前を振り返って、あの時代は不幸な時代であったと言いますが、私たちが過ごしてきた戦前、戦中、そして戦後は、生活体験の中で生のいのちを自分の体で体得してきました。しかし、今の子どもたちは不幸なことに、それを体験することがとても難しくなっているのではないでしょうか。

そこで、実際に体を使っていのちを感じる体験として、今すぐ、どこでも、誰でもできる一つの具体的な実践として、私は額に汗して木を植えることを提唱してきたわけです。生のいのち、本物の木を大地に植えながら、泥に接し、一人が5本、10本と植樹する。そして木の生長と共に自分を育てるんです。こういう体を通した体験によって、いのちの素晴らしさ、尊さ、またはかなさを実感して、学ぶんです。そして未来志向に生きること、過去をとやかく批判するのではなく、明日をどう生き延びていくかということを真剣に考えるきっかけにしていただきたい。

皆さんが食べているものは何であっても、元をたどれば植物です。着ているものはたとえポリエステルのようなものでも、石炭石油から作られているわけで、やはりその大元をたどれば植物由来なんです。われわれが呼吸で吐き出す二酸化炭素を吸収するのも植物、吸っている酸素も植物が作っているんです。生きている植物というのは、このようにトータルないのちの源なんです。

このように大切な植物、緑を増やすために、本来なら何百年もかかって出来上がってくる森を、私たちは主木群を選定した植樹によって10年スパンでつくってきたわけです。その土地本来の多層群落の森なら、一面緑に見える芝生の30倍も緑の表面積があるのです。しかも樹種を間違えなければ、根群の十分発達した背丈30センチくらいの小さなポット苗などを自然の森の掟にそって混植・密植すれば、植樹後3年経てば、もう管理の人手も費用もいらなくなる。幼木が小さい頃は、密度効果によって競い合いながら共に育ちます。あとは、時間とともに木の特性に応じて、高木、亜高木、低木の多層群落を形成します。自然淘汰によって、枯れた木や枝、葉は土の中で分解されて養分となり、森の木々の生育を助けます。自然界に無駄はありません。木々は自ずからの働きで本来の森の姿に成長していくのです。この方式であれば、次の氷河期が来るであろう９０００年先までもつような土地本来の森づくりができるわけですから、是非とも皆さんに今すぐできるところから取り組んでいただきたいのです。

われわれ人類を含めて動物は、トータルな意味で、土地本来の森の寄生虫の立場でしか生きていけないのです。その宿り主であるいのちの森を増やすために、今すぐどこでも誰でもできること、それはまず土地本来の木を植えることである、と私は主張しているのです。

自然を感じる本能を呼び起こせ

宮脇　このたびの対談の収録のために、長崎県西海市西彼町にある、シイ、タブなどの照葉樹の森と海に囲まれた静かな素晴らしいお宅にお招きいただきましたが、池田先生があの家にこめられた思いをお聞きしたいのですが。

池田　僕が乗艦していた矢矧が沖縄特攻で沈没して、救助されて戻ってきたのは佐世保港でした。沖縄で死ぬ予定だったのが生き返ったわけですけど、そのときに大村湾を見て、なんてきれいな風景なんだと感動するんです。もちろんそれまでにも佐世保には何度も行って大村湾も見ているんだけれども、特攻から帰ってきて見る景色はもう視点が全然ちがうのですね。それまでは与えられた使命にいかに応えるかということで懸命にやってきたわけですけれど、もうそういうことを離れてね、日本の国土のこの自然の美しさに純粋に感動したのです。お国のためなんて言うけれど、それはこの美しい国土を守ることであり、この自然を守らなくてはならないんだ、ということを非常に強く感じたわけです。それは僕にとって人生の大きな転機でしたね。ですから、自然を壊して人間に都合のいいことをやられると、もう何のために俺たちは命がけでやってきたのか、と思うんですよね。

それで大村湾というのは僕にとって自然の美しさを見直す原点になって、強く惹かれていたわけですけれど、たまたま職場で長崎の人とご縁があって、大村湾に面した西彼町のこの一画を紹介されたので、喜んで使わせていただくことにしたんです。はじめは別荘のようにして、休暇を利用して訪れていたのですが、その頃に地元の青年たちとつながりができて、このそのご縁でオランダ村やハウステンボスの設計に携わることになるんです。ですから、この大村湾の自然を壊すようなものを作ってはいけないというので、だいぶ厳しい条件を出したわけですね。そして2001年に、永住を視野に入れて自分で設計した建物を作ったんです。

この家を設計するときに一番考えていたことは、肌で自然を感じる、ということです。みんな頭で自然、自然と言っている感じなんですね。自然は肌で感じなければいけない。

実は僕の東京の家は便利なところにあるんです。3、4分歩けば地下鉄の駅があって、とても便利なんだけれども、まったく便利に流されてしまって、潮の満ち引きとか、月齢がいくつとか、そういうこととは関係がないんです。これではダメだと思って、この家はまず自然と直につながっていることを基本にしたんです。ですから、大村湾に直に面してテラスが海に向かって張りだしている。船のデッキに見立てて設計してあるんです。そこにいると、今は満潮か干潮か、何時ごろ満潮になるかとか、今日は月齢がいくつだとか、目の前で自然がそのリズムを展開してくれるわけです。

宮脇　自然が教えてくれるんですね。

池田　どうしても、僕は海を見ていないと何かが不足するんですね。だから、今、どうしても海の上にいたい。それで、わざわざ、そういう造りにしたわけです。

それからもう一つこだわったのは、材料はすべてこの土地のものを使う、ということです。もちろん伝統技術を取り入れた茅葺き屋根の家なんですけれども、使っている木材や茅はすべてこの土地のものなんです。この土地のもので暮らし、最後はこの土地に還っていく、それは地産地消であり、昔の人たちは皆こうして暮らしてきたのです。

ところが、こういう建築は今の法律、建築基準法の規制の中では作ることはできないのですよ。特に規制の強い市街地ではね。基礎なんか全然違いますから。僕の長崎の家はそういう法律の規制外のところに建てたものだから、なんとかできていますけれど。

宮脇 本物の大自然に包み込まれているという実感のあるお宅ですね。今、ああいう自然とつながった、一体となった建築、住まいというのは日本中のどこを探しても見られないのではないでしょうか。どこへ行っても、同じような規格品の住宅がサイコロのように並んでいる風景しか目にできませんからね。

池田 それはもうしょうがないことかもしれませんが、そういう暮らしの一方で自然をどうやって身近に引き寄せて感性を高めていくか。そのためには宮脇先生が進めておられる植樹活動のように、実際に自然の中に身を置くということが、絶対必要だと思うのですよ。

宮脇 人間は、生物的な本能で必死に生き延びてきたわけですけれど、今は、本当に真剣に命をかけることがないので、人間に一番大事ないのちの尊さが分かっていない。こういうことが本当に理解されないと、今の若者も、熟年者も、これから生まれてくる者も、人類全体が生き延びていけないのではないでしょうか。

今の世の中は、奇麗ごとばかりを言っている。リーマンショックで、札束や株券がどこかに偏って、経済がガタガタになったと、100年来の危機とか言って大騒ぎしていましたが、地球のいのちの歴史をみれば、いわゆるビッグバンといわれるような大きな危機が何百回もあったわけですからね。その中で絶滅したものもいましたけれど、動物の世界ではホモ・サピエンス、ヒト属のヒトにまで進化してきたわけです。そして今、かつての人類が夢にも見なかった、モノとエネルギーが有り余った便利で豊かな生活を享受しているわけです。

修羅場をくぐってつながってきたいのちの素晴らしさ、尊さを、ぜひ今の若者たちに、あるいはモノとエネルギー獲得競争の中に埋没し、ぼけている大人たちに、さらには企業家、政治家、各団体のリーダー、教師、学生たちの、一人ひとりに、正しく、木を植えながら心の底から分かってもらいたい。それは1億2000万の日本人の未来に対する物差しとなるんです。

池田先生は戦場で生と死の境目をくぐり抜けてこられて、世界中の高僧がやっと辿り着いたような宗教の極地、最終点のようなところをわずか20歳代のはじめに体験されておられます。その一番大事なこと、今の人間に決定的に欠けている、命をかけるということ、そういうことを戦争でなしに、今の若い人たちも実際に体験していただかないと、世界も人類も生き延びていけないいんじゃないですか。

池田　そうですね。

宮脇　このようなときだからこそ、池田先生のお話を、これからの生き方を模索している若者から、自分の党派、派閥だけのためにうつつを抜かしているような熟年者まで、すべての人に届けたい。そしてその根底にある哲学、フィロソフィーを分かっていただき、共有していただきたいのです。そのために池田先生には、日本人の未来に対するひとつの物差しとして、心の拠り所を示し続けていただきたいと切にお願いいたします。

池田 そうですね。それは宮脇先生にもぜひお願いしたいことです。

宮脇 池田先生、生物学的にはメスは130歳、オスも120歳まで生きられる可能性をもっていますから、お互いにまだあと30年は大丈夫です。ただ生物は動かないでいるとすぐ死んでしまいますからね。よほど嫌なことを強制されたり、やらされたりしない限り、過労死なんてあり得ないんですよ。

動いていることは、いのちの証《あかし》です。私はあと30年で113歳ですが、私は木を植えていますから、自然から、また一緒に行動する若い方たちからもどんどんエネルギーをもらっているので、そこまでは大丈夫だと思っています。池田先生も120歳まではまだ30年以上ありますからね。

いのちの森をつくる、それを国民運動として、池田先生にもお力を拝借して、共に日本から、世界に、その行動と成果を発信していきたい、というのが私の願いです。

池田 それは素晴らしい願いですね。これからの日本、そして世界を作っていく若い方々にも志を継いでいただいて、いのちが輝く世界を実現させなければいけませんね。本当に力強いお話しを聞かせていただきまして、どうもありがとうございました。

あとがき

戦後、私が初めて建築の世界に足を踏み入れ、とくに設計という分野を専門に、その道を歩み始めると、かつて私がいた海軍の組織に比べ日本の建築界に当時あった徒弟制度的、前近代的な体質が見え、それ等を何とかより合理的に、近代化しなければならないという思いを強く抱くことになった。それ故、複数の人間の英知を結集して一つの建築の設計を創造するための組織創りが私の大きなテーマとなり、新しく立ち上げた日本設計という組織の運営を通じて、前例がない中での悪戦苦闘が続いた。丁度、その頃のことである。宮脇先生の『植物と人間・生物社会のバランス』という本に巡り会った。

植物という自然界の在り方が、そのまま日本設計という人間集団の在り方と重なり、自然の一部である人間と、自然そのものの植物の生態系の在り方が、私の心の中では、全く一体のものとして映ったのである。

以来、人間集団の根底にある自然な在り方は、植物の群落の在り方と必ず共通点があるはずと、懸命になって植物という自然の在り方を学んだ。『植物と人間』は、爾来、私にとっては最良の教科書となった。

　植物群落の中に不要なものは無く、それぞれが自然の法則に従って、それぞれの生命を守り自立しつつ、群落として相互に生きている様が、特に人間集団の在り方の本質を明確に示しているように、私には思えて、むさぼるように読んだ。

　それから幾年かの年月が経ち、引退して九州大村湾の一角、入江に面した所に茅葺きの庵「邦久庵」を建てて住むようになって十年ほどして、長崎ハウステンボスで、尊敬する宮脇先生に直接お会いする機会を得た。

　世界中を走り廻って植樹活動をしておられる先生が、たまたま佐世保で植樹活動されたその日、ハウステンボスに立ち寄られ、まったくの偶然が出会いを導いたのだった。その後、先生はお忙しい中、わざわざ、辺鄙な処に建つ「邦久庵」まで3回もお越し下さりお話しするうちに本作りの話になり、先生らしく思い立ったら直ちに行動を起こされ、この対談集ができる運びとなった。

　対談を始めてみると、私にとってはすべてが新しく、教わることばかりで、しかも話の内容は多岐にわたり、珍しく、楽しく、なおかつ勉強になることばかりであった。

　宮脇先生は対談の合間にも寸暇を惜しんで世界中を飛び歩かれ、大切に丁寧に一本ずつ小さな苗木を植樹する活動を身体を張って実践しておられるのである。

そして何より、私は先生にお会いするたびに先生から教えられ、なおかつ先生の素晴らしい生命力、行動力に多大な刺戟を受け、活力をいただいた。一人でも多くの方々、特に若く、これからの日本を背負い、世界を舞台に活躍されるであろう方々に、是非とも本書を読んでいただき、自然界での植物の在り方の中に、どんな雑草と思われるものでも、不要なものはなく、それぞれ立派な存在意義を持った生命体であることを学んでいただきたい。

それは取りも直さず、人間社会においてもまったく同じで、すべての人はそれぞれ存在意義があるのだと言える。そしてあらゆる植物がそうであるように、人間も大自然の摂理に従い、その摂理に反しないように生きることが求められる。それは次世代へ伝えるべき最大のメッセージである。

２０１１年2月　池田武邦

◉著者略歴

宮脇　昭（みやわき　あきら）

1928年、岡山県生まれ。1952年、広島文理科大学生物学科卒。1958年にドイツ国立植生図研究所研究員として渡独、ラインホルト・チュクセン教授に師事し、潜在自然植生の理論を学ぶ。帰国後、全国の植生調査を行ない、日本の潜在自然植生図を完成。横浜国立大学教授、国際生態学会長などを経て、横浜国立大学名誉教授、（財）地球環境戦略研究機関国際生態学センター長。国内各地をはじめ、東南アジア、中国、ブラジルアマゾン、アフリカなどで、精力的に植樹指導を行ない、森づくりに邁進する現場主義の植物生態学者。

《主な著書》

『植物と人間——生物社会のバランス』ＮＨＫ出版 1970

『日本植生誌』（全10巻）宮脇昭・編著 至文堂 1980～89

『緑環境と植生学——鎮守の森を地球の森に』ＮＴＴ出版 1997

『森よ生き返れ』大日本図書 1999

『いのちを守るドングリの森』集英社新書 2005

『木を植えよ！』新潮社 2006

『苗木3000万本 いのちの森を生む』ＮＨＫ出版 2007

『鎮守の森』新潮文庫 2007

『三本の植樹から森は生まれる——奇跡の宮脇方式』詳伝社 2010

『４千万本の木を植えた男が残す言葉』河出書房新社 2010

『日本の植生』宮脇昭・編著 学研教育出版 2010

池田　武邦（いけだ　たけくに）

1924年、静岡県生まれ、本籍は高知県。幼少時代を神奈川県藤沢市で過ごす。1940年、海軍兵学校に入校（72期）。卒業後、新鋭軽巡洋艦「矢矧」に乗り組み、マリアナ沖海戦、レイテ沖海戦、沖縄海上特攻に出撃、乗艦「矢矧」は撃沈されるが生還する。戦後、東京帝国大学第一工学部建築学科に進み、1949年卒。建築設計事務所勤務を経て、1967年、日本設計事務所（現日本設計）を設立、後に社長、会長を務め、現名誉会長。日本の超高層建築の黎明期を開いたほか、佐世保のハウステンボスを設計するなど、自然を生かした環境都市計画に先鞭をつけた。長崎県西海市在住。

《主な建築作品》

日本興業銀行本店、霞が関ビル、京王プラザホテル、新宿三井ビル、筑波研究学園都市工業技術院、長崎オランダ村、かながわサイエンスパーク、東京都立大新キャンパス、ハウステンボス、邦久庵

《主な著書》

『超高層建築設計例』彰国社　1972

『大地に建つ』ビオシティ出版　1998

『ハウステンボス・エコシティへの挑戦』かもがわブックレット

『人と自然。共生の作法』長崎自然共生フォーラム編著

次世代への伝言——自然の本質と人間の生き方を語る

2011年 5月10日　初版発行

著　者　宮脇　昭／池田武邦

発行者　増　田　正　雄

発行所　株式会社　地《ち》　湧《ゆう》　社

東京都千代田区神田北乗物町16　(〒101-0036)

電話番号：03-3258-1251　郵便振替：00120-5-36341

組　版　ギャラップ

印　刷　モリモト印刷

製　本　小高製本

ISBN978-4-88503-212-7 C0095